Jürgen Borris • Iris Schaper

Mit JÄGERS BLICK

Erzählungen & Impressionen

Müller Rüschlikon

Einbandgestaltung: R2 I Ravenstein, Verden

Titelfoto: Jürgen Borris

Rezepte mit freundlicher Genehmigung von:
Ilka Dorn: S. 26, 78
Artur Frick-Renz, https://gasthof-zum-hirsch.com/: S. 62, 140
Sebastian Kapuhs, wild-auf-wild.de: S. 44, 54, 104, 148, 154
Carsten Macke, Landhaus Sollingshöhe, Silberborn: S. 37, 97

Bildnachweis:
Seeben Arjes: S. 132
Werner Klages: S. 41 und 61
Roderich Liefner: S. 109 und 110
Daniel Reiter: S. 96

Alle übrigen Fotos stammen von Jürgen Borris, www.juergenborris.de.

ISBN 978-3-275-02178-9

Postfach 103743, 70032 Stuttgart
Ein Unternehmen der Paul Pietsch Verlage GmbH & Co. KG

1. Auflage 2019

Sie finden uns im Internet unter www.mueller-rueschlikon-verlag.de

Lektorat: Claudia König
Innengestaltung: Kornelia Erlewein
Druck und Bindung: Conzella Verlagsbuchbinderei, 85609 Aschheim
Printed in Germany

Vorwort

Nebelbänke ziehen über die Stoppelfelder, über bunte Hecken und Wälder. Das Herbstlaub wirkt wie ockerfarbene, gelbe und rote Sprenkel in der Landschaft, aufgetupft mit einem Pinsel. Und wenn die ersten Strahlen der Herbstsonne den Morgennebel durchdringen, tauchen sie die Landschaft in weiches Licht. Stattliche Platzhirsche lassen auf den Waldlichtungen ihr lautes Röhren erschallen, Eiderenten tauchen in der stürmischen See nach Miesmuscheln. Eine bellende Hundemeute treibt den Prachtkeiler auf die lauernden Jäger zu. Herbstzeit ist Jagdzeit.

Und nicht nur draußen in der Natur sind die kürzer werdenden Tagen angefüllt mit schönen Erlebnissen, sondern auch in den Jagdhütten: Wenn die Kaminscheite prasseln, kommen durchgefrorene Waidmänner zusammen am Feuer. Und während sich die letzten noch die Stiefel an der Eingangstür abklopfen, sitzen und stehen die anderen Jäger schon um die knackenden Scheite und reiben sich die fröstelnden Hände. Deftige Wurstenden machen die Runde, ein Schnaps folgt und schon lockern erste Lacher die Stimmung auf. Ein warmer Feuerschein überhaucht die Gesichter mit einem flackernden Schimmer, während sich wohlige Wärme in den Gliedern breitmacht. Das ist die entspannte Atmosphäre, in der auch die stillsten Waidmänner ins Erzählen geraten.

Da kommen Geschichten von abenteuerlichen Nachsuchen aufs Tablett, von überraschenden Glücksmomenten, aber auch von Ungeschick und Misserfolgen. Von Niederwildjägern und ihren ersten Fehlversuchen mit der Flinte. Vom treuen Jagdhund, den der alte Waidmann nie vergessen konnte. Geschichten von der Feldjagd, der Beizjagd, vom Hochsitz, dem Treiben mit der Hundemeute oder von der Entenjagd auf unruhiger See. Wohl jeder Jäger hat Geschichten zu erzählen, die andere zum Staunen und Schmunzeln bringen. Geschichten, die es eigentlich wert wären, für immer festgehalten und vor größerem Publikum erzählt zu werden.

Und doch verbleiben gerade die interessantesten Erzählungen nur im kleinen Kreis der Anwesenden, verschlossen hinter den Türen der Jagdhütten.

So kam die Idee zu diesem Buch zustande. Naturfotograf Jürgen Borris, selbst Jäger, wollte diese Geschichten nicht nur in Buchform gepresst sehen, sondern auch mit seinem reichen Schatz an Naturfotos bebildern. Er suchte im Freundes- und Bekanntenkreis nach spannenden Erzählungen und holte sich zur Unterstützung die Autorin Iris Schaper ins Boot. Sie interviewte ganz unterschiedliche Jäger, die ihre Erlebnisse von der Feld- und Treibjagd, vom Ansitz, von der Entenjagd zum Besten gaben, bannte die Erzählungen in druckreife Schriftform. Ergänzt mit Gedichten und Rezepten soll dieser Band für alle Jagdinteressierten diese besondere Stimmung fühlen lassen. Er will die Atmosphäre am prasselnden Kaminfeuer in der Jagdhütte ins heimische Wohnzimmer holen. Ein Buch für Natur- und Jagdliebhaber, das immer wieder zum Schwelgen und Schmökern einlädt. »Mit Jägers Blick« soll mit seinen opulenten Naturbildern und -geschichten das Gefühl vermitteln, als sei man direkt dabei gewesen – damit die schönsten Jagderlebnisse nicht nur hinter verschlossenen Türen erzählt werden.

» Alles was gegen die Natur ist,
hat auf Dauer keinen Bestand.«

Charles Darwin

»Der Jäger kennt den Atem der Natur,
ihren gleichmäßigen Pulsschlag und
selbstverständlichen Rhythmus.
Ihre Einfachheit und Ursprünglichkeit
empfindet er als Glück.
Der Jäger ist nicht der Feind des Tieres.
Er kennt vielmehr eine
mystische Verbundenheit mit ihm,
auch dann, wenn der Kampf
elementar und tödlich ist.«

G. Blüchel

» Das Reh springt hoch,
das Reh springt weit,
warum auch nicht,
es hat ja Zeit!«

»Waidgerechtigkeit merkt man oft erst, wenn sie fehlt.«

»Wie ein alter Student seine alten Lieder,
so liebt ein alter Jäger seine alten Gänge.
Und jeder hat seine besonderen Stellen,
wo ihm das Herz besonders schlägt,
und in die Augen ein besonderes Leben
kommt.«

Jeremias Gotthelf

»Wir leben in einem gefährlichen Zeitalter. Der Mensch beherrscht die Natur, bevor er gelernt hat, sich selbst zu beherrschen.«

Albert Schweitzer

»Ein kostbarer Augenblick ist wie ein schönes Lied,
es verklingt und hat doch Dein Herz berührt.«
Shivani Isabel Prinke

Das Tiefbauschwein

erzählt von Jean-Marc Molard

Das Tiefbauschwein

Jean-Marc Molard

Der Wald war leer. Zwischen den Jahren 2017 und 2018 gab es weder eine Eichelmast, noch eine Buchenmast. Das heißt, dass das Wild in den Wintermonaten deutlich Last gehabt hatte, sich mit Futter zu versorgen. Und dann ergab sich die Situation, dass ein Landwirt nach dem Mais Weizen drillte und die Reste der Maisernte vom Vorjahr unterpflügte. Ich hatte den Landwirt intensiv darauf hingewiesen, dass das vor dem Hintergrund der fehlenden Mast im Wald keine gute Idee sei. Das Schwarzwild würde kommen. Und wenn es auf der Ackeroberfläche nichts mehr fände, würde intensiv jeder einzelne Maiskolben ausgebuddelt, der untergepflügt war.
Dann muss man noch wissen, dass auch die Mäuse ein wichtiger Faktor sind: Tausende von ihnen leben im Untergrund, für uns meist unsichtbar. Auch sie buddeln sich durch die Erde und freuen sich über jedes Maiskorn, das sie finden. Sie tragen das in ihre Behausungen, die Mäuseburgen. Die liegen größtenteils noch deutlich tiefer als so ein Pflug auf der Ackerscholle reicht. Wenn beim Schwarzwild der Magen knurrt und es nichts zu fressen findet, dann geht es dorthin, wo es sich erinnert: Da war doch im letzten Jahr Mais, da müssen wir suchen. Wildschweine suchen natürlich nicht auf jedes einzelne Korn, aber sie haben extrem empfindliche Nasen und wittern das, was tiefer liegt – die Mäuseburgen. So eine Maus ist zudem noch ein zusätzlicher eiweißreicher Appetithappen für das Schwarzwild. Wenn es eine ganze Mäuseburg aushebt, dann ist das ein schönes, zusätzliches Leckerli – neben dem sowieso schon vorhandenen Haufen an Maiskörnern, den die Nager mühsam zusammengetragen und gehortet haben.

Dieser Acker lag natürlich auch im Interessensgebiet der ein oder anderen Schwarzwildrotte. Wir hatten dort auch mehrfach auf Frischlinge oder Überläufer geschossen, um die Verbände zu vertreiben. Führungsbachen wissen dann, dass es hier gefährlich wird, halten sich nicht so lange auf und kommen nicht so oft. Und das ist auch der Sinn dieser gezielten jagdlichen Eingriffe. Man schießt den Zuwachs, sodass die Mutter- und Führungstiere begreifen: Wir bleiben lieber weg. Denn diese entscheiden, wo die Reise für die Rotte hingeht.
Nun sagte mir ein Mitjäger: »Ich war gestern Abend wieder da, ich habe nur ein einziges Schwein gesehen. Das muss ein ziemlich großer Keiler sein, weil er allein unterwegs ist!«

Die genannte Vertreibungsstrategie zog natürlich nicht bei einem Einzeltier. Der Jagdkollege prüfte also den Wind und ging dann los, um von der Seite her an das Feld heranzukommen. Als er wieder im Blickkontakt war, war der Keiler verschwunden. Da gab es nur ein kleineres Stück Wild, ein Dachs wahrscheinlich. Aber der Keiler ward nicht mehr gesehen. Er dachte sich: Dann hat das Schwein mich wohl bemerkt? Er nahm sich vor, am nächsten Tag wiederzukommen. Das setzte er auch in die Tat um und schaute sich bei dieser Gelegenheit das Fährtenbild genauer an. Wie tief war der Schalenabdruck und wie groß? Daraus kann jeder passionierte Jäger Rückschlüsse ziehen auf den Keiler, der dort aktiv war. Und als er so über das Feld ging, fiel ihm auf, dass hier ungewöhnlich tiefe Löcher im Boden waren.
Es war Anfang Januar. Er sah das Stück immer wieder, immer mitten auf dem Feld. Sein Problem

Das Tiefbauschwein

Jean-Marc Molard

war, dass es hier keine Deckung gab, um ungesehen dorthin zu gelangen, egal von welcher Seite. Es gab keine Möglichkeit, auf Schussentfernung heranzukommen, um diesem Stück auch eine ordentliche Kugel anzutragen. Das machte diese Bejagung auch so exorbitant schwierig.
Die Zeit ging ins Land, inzwischen war es schon Februar, als ich ihm anbot: »Ich schaue da mal vorbei, das Wetter passt auch.« Ich war kaum draußen, da sah ich schon den Keiler, aber ich hatte das gleiche Problem: Ich kam nicht ran. Er stand wieder inmitten einer großen Freifläche, keine Deckungsmöglichkeit für den Jäger. Ich versuchte dann, von einer doch sehr großzügigen Entfernung das Stück ins Fadenkreuz zu kriegen. Aber das war einfach zu riskant. Ich ließ es also bleiben und sagte mir: Wenn es heute nicht passt, dann eben morgen.
Und wieder ging Zeit ins Land. Ob es schon März war? Ich kann es nicht mehr genau sagen. Es war wieder Nacht, wieder die gleiche Situation, das Stück auf freiem Feld, weithin sichtbar und doch unerreichbar. Nur diesmal war etwas anders: Wir hatten Neumond. Nur das diffuse Streulicht des Industriegebietes in der Nähe erhellte die Szenerie. Ich ließ mein Auto stehen, um das Stück nicht schon durch das Geräusch hellhörig zu machen und ging die Strecke zu Fuß. Und während ich so lief, schaute ich immer wieder zurück: Bewegt sich mein Schattenwurf aus dem der Büsche und des Straßenwalls heraus? Kann das Tier also eine Veränderung wahrnehmen?

Denn immer dann, wenn so ein Stück Schwarzwild so etwas sieht, setzt der Fluchtinstinkt ein. Es muss gar nicht wissen, was sich dort bewegt.

Bewegung heißt immer: Achtung, schnell weg! Inzwischen war ich dank des breiten Schattens der Böschung auf freiem Feld auf ungefähr 100 Meter herangekommen und hatte mir auch meinen Schießstock mitgenommen. Ich brachte das Gewehr in Position. In einem Moment sah ich das Stück noch, und als ich durchs Zielfernrohr blickte, war es verschwunden. Wieder weg.

Es war etwa 150 Meter weitergelaufen, auf die andere Seite des Feldes. Und das, obwohl es nicht hätte Wind kriegen können. Donnerschlag, dachte ich, es hat einen siebten Sinn! Vielleicht war ich aber auch kurz außerhalb des Schattens gewesen und so hatte es doch eine Bewegung wahrnehmen können.

Plötzlich hörte ich hinter mir Schritte und drehte mich um: Da stand wie aus dem Nichts hinter mir eine ähnlich große Sau, aber in nur zehn Metern Entfernung. Diese war von der anderen Seite gekommen und hatte mich offensichtlich im Schatten der Büsche nicht wahrgenommen. Ich bewegte mich erstmal gar nicht und erstarrte zur Salzsäule. Dann plötzlich sah dieses Schwein mich auch und gab ordentlich Fersengeld. Da dachte ich: »Na sowas, da konzentrierst du dich auf dieses eine Tiefbauschwein, das am Buddeln ist, und nimmst gar nicht wahr, was hinter dir abläuft!«
Es war mittlerweile ein Uhr nachts und ich dachte, jetzt sei es genug. »Jetzt hast Du einen schönen Abend gehabt, jetzt kannst Du auch nach Hause gehen.« Ich lief also die Strecke wieder zurück zum Auto. Und fast dort angekommen wagte ich noch einen letzten Blick über die gesamte Fläche. Und da war das Schwein schon wieder!

Die Maisstengel und Erdschollen flogen in hohem Bogen, während sich das Stück in die Erde wühlte. Tiefbauarbeiten an der Mäuseburg. Wenn man jedoch morgens um sechs Uhr in der Firma sein muss, dann überlegt man sich schon sehr stark, ob zu so später Stunde noch ein Versuch Sinn macht. Aber ich entschloss mich nach reiflicher Überlegung doch dazu. Denn diesmal wühlte das Stück ziemlich dicht am Bahndamm und so ein großer dunkler Korpus hinter dem Jäger gibt Rückendeckung.
Ich wusste, dass ich in der Spritzspur im Acker entlanglaufen konnte. Das heißt, hier war die Gelegenheit, günstig gegen den Wind und im Schatten des Bahndamms nah an das Stück heranzukommen.
Ich wanderte also erneut los, 300 bis 400 Meter hatte ich mich am Bahndamm herangepirscht. Von dem Stück sah ich nur noch den Bürzel und die Keulen, so tief hatte es sich in die Erde gewühlt.
Ich beobachtete das Tier und stellte fest: So etwa im Rhythmus von zwei Minuten kam es hervor, reckte den Kopf in die Luft und sicherte. Der Keiler schaute sich dann um und prüfte den Wind. Und wenn er sich sicher fühlte, tauchte er wieder in das Loch ab und buddelte weiter. Ich beobachtete ihn genau, wartete jedes Mal, bis er in das Loch abgetaucht war, und schlich mich während seiner Tiefbauarbeiten im Schatten des Bahndamms weiter. So kam ich schließlich auf etwa 40 bis 45 Meter heran. So dicht, dass ich den Keiler mit bloßem Auge und trotz des Neumondes im diffusen Licht der nahegelegenen Stadt sehen konnte. Das ist immer die Grenze: Wenn ich das Schwein mit bloßem Auge sehen kann, dann kann es auch mich sehen. Mein einziger Vorteil war, dass das Stück auf freier Fläche stand und ich umgekehrt vor dem

Jean-Marc Molard

dunklen Bahndamm keine Konturen hinterließ. Ich baute also wieder meinen Pirschstock auf, legte das Gewehr an und wartete, bis aus Bürzel und Keule wieder ein ganzes Schwein wurde. Wieder einmal sicherte es. Es stand wirklich breit und ich sagte mir: »Jetzt machst du keine Experimente, nicht hinter den Teller schießen, Tiefblatt und damit sicher ins Leben.«

Gesagt, getan, der Schuss brach und das Schwein schoss los wie eine Rakete Richtung Bahndamm. Es verschwand und dann herrschte Ruhe. Ich wartete und lauschte, aber es war nichts mehr zu hören. Ich ging also zum Anschuss. Da war ein so großes Loch im Acker, dass ich da hätte hineinsteigen können und mehr als knietief darin gestanden hätte. Genau das ist ja auch für die Landwirte das Ärgernis: Wenn der Mähdrescher in solch ein Loch gerät, taucht das Mähwerk ein, die Zinken brechen weg und teure Reparaturen werden fällig. Es ist weniger der Verlust des Weizens oder sonstigen Aufwuchses. Die größte Gefahr und Kostenfalle ist, wenn Erntemaschinen in solche Löcher fahren.
Ich fand sogleich den Anschuss, Schweiß war reichlich da und ich konnte mit der Taschenlampe auch die Fluchtfährte ausmachen. Die Pflanzen waren durch die Nachtfeuchtigkeit angefroren und daher zeichnete sich der Fluchtweg des Stücks ganz deutlich ab. Ich folgte der Fährte bis an die Bahndammkante und merkte schnell, dass genug Schweiß vorhanden war, auch Lungenschweiß und wusste nun ganz sicher: Das wird eine Totsuche. Aber inzwischen schlug es zwei Uhr morgens und ich ließ es für den heutigen Tag gut sein.
Am nächsten Morgen gegen sieben Uhr rief ich dann einen Mitjäger an, der mit seinem Schweißhund kam. Es war ein sonniger, aber kalter Morgen. Das heißt, es bestand auch keinerlei Gefahr, dass das Stück verhitzt war. Wir nahmen die Nachsuche auf und wurden schon nach 50 Metern fündig: Die Kugel lag genau da, wo angetragen – tief hinterm Blatt. Das Herz war angerissen, aber bei solch großen Stücken ist es normal, dass sie noch eine Flucht über etwa hundert Meter Distanz hinlegen, trotz eines guten Schusses. Nachdem ich den Keiler aufgeladen hatte, rief ich sofort den Landwirt an. Denn der hatte sich schon oft bitter beklagt über die wütenden Wildschweine, die seinen Weizen umgraben. Ich berichtete ihm, dass das wohl jetzt ein Ende habe. Den größten Verursacher hätten wir jetzt wohl strecken können. Und das war dann auch tatsächlich der Fall. Es stellte sich heraus, dass dieser Keiler sechs Jahre alt war und mit einer Waffenlänge von knapp 24 Zentimetern aufwartete. Das war in jeder Hinsicht eine Ausnahmejagd, denn ich bin selten so hinter einem Stück hergelaufen wie hinter diesem. Und selten hat ein Stück einen derartig eindrucksvollen Schaden verursacht. Von da an hieß es für mich nur noch »das Tiefbauschwein«. ■

WILDGULASCHSUPPE

ZUTATEN (2 Portionen)

300 Gramm Gulasch vom Rotwild (klein geschnitten)
15 Gramm Steinpilze (getrocknet)
150 Gramm braune Champignons
1 Zwiebel
1 Knoblauchzehe
100 Gramm Petersilienwurzel
2 Esslöffel Butterschmalz
2 Esslöffel Tomatenmark
2 Esslöffel Paprikapulver (edelsüß)
3 Esslöffel Zitronensaft
1 Esslöffel Butter
5 Korianderkörner
0,75 Liter Brühe
Salz und Pfeffer
frischer Schnittlauch zum Garnieren

ZUBEREITUNG

1. Fleisch putzen und von Sehnen und Häuten befreien. Kurz mit kaltem Wasser abwaschen, trocken tupfen und in kleine Stücke schneiden.

2. Steinpilze in 1/8 l heißem Wasser einweichen. Zwiebeln und Knoblauch abziehen, beides klein würfeln. Petersilienwurzeln waschen, putzen und ebenfalls klein würfeln.

3. Butterschmalz in einem Suppentopf erhitzen. Zwiebeln und Knoblauch kurz andünsten, Fleisch und Petersilienwurzeln hinzugeben und kräftig anbraten. Tomatenmark unterrühren und kurz anrösten, mit Salz und Pfeffer abschmecken. Koriander fein zerstoßen und zusammen mit dem Paprikapulver zum Fleisch dazugeben. Brühe hinzugießen.

4. Steinpilze in ein Sieb schütten, Einweichwasser auffangen, Pilze abbrausen und grob hacken. Pilze und aufgefangene Flüssigkeit in die Suppe geben. Falls nötig, noch Brühe hinzugießen. 45 bis 60 Minuten sanft köcheln lassen, bis das Fleisch gar und zart ist.

5. Champignons putzen, in Scheiben schneiden und in zwei Esslöffel Zitronensaft wenden. Butter in einer Pfanne erhitzen, die Pilze darin anbraten. Mit Salz, Pfeffer und etwas Zitronensaft abschmecken. Zur Suppe geben und darin noch zirka 15 Minuten ziehen lassen. Suppe mit Salz und Pfeffer abschmecken und mit Schnittlauch dekorieren.

Wildgericht von Ilka Dorn

Der dreibeinige Hirsch

Jean-Marc Molard

Der dreibeinige Hirsch

erzählt von Jean-Marc Molard

Für den Förster, den »Waldjäger«, ist es das höchste, wenn er ab und an auch im Feld jagen darf. Allerdings gibt es einen Nachteil: Wenn das Wild in einem Revier der Landesforsten Schaden anrichtet, muss nicht der einzelne Forstbeamte diesen bezahlen, sondern das Bundesland. Und da ist die Versuchung für den Mitarbeiter durchaus da, der Feldjagd in Randbereichen des Waldes nicht immer die höchste Priorität einzuräumen. Und wenn im Sommer ein schöner Film im Kino läuft oder abends ein Grillen angesetzt ist, können andere Dinge den Vorzug bekommen. In der hiesigen Revierförsterei waren die Wildschäden exorbitant gestiegen. Aus der zentralen Verwaltung der Landesforsten kam daher die Order, acht Prozent der Jagdfläche zu verpachten. Die Forderung wäre mit der Vergabe einer bestimmten Jagdfläche mit einem Schlag erledigt gewesen. So kam es, dass der Forstamtsleiter sein Machtwort sprach: »Jetzt ist Schluss, diese Fläche wird verpachtet.«

Die Forstbeamten suchten nun jemanden, den sie kannten und dem sie vertrauten, weil der Pächter gewissermaßen vor ihrer Haustür jagen würde. Und weil ich schon vorher mit dem dortigen Förster befreundet war, fragte man mich, ob ich nicht willens und in der Lage sei, diese Jagd zu pachten? Zu der Zeit arbeitete ich noch in Düsseldorf in einem Beratungsunternehmen und haderte mit mir: Was soll ich mit einer Jagd in Niedersachsen, wenn ich in Düsseldorf arbeite?

Die Geschichte des dreibeinigen Hirsches, das weiß ich heute noch, trug sich am 6. Dezember 2004 zu, also am Nikolaustag. Ich erinnere

mich noch genau, weil ich an diesem Tag einen bekannten Weihnachtsmarkt in der Region besucht hatte. Wohlweislich hatte ich aber nur mäßig dem Glühwein zugesprochen, damit ich noch fahren und jagen durfte.
Um 18 Uhr setzte ich mich oben auf eine Kanzel. Es war Vollmond, der Frost hatte die Wiesen mit Raureif überzogen und sie leuchteten hell im Mondschein. Ich wartete eigentlich auf Schwarzwild, denn die Zeit für Rotwild war ja schon vorbei. Und was macht man, wenn man abends da sitzt und schon ein wenig Glühwein getrunken hat? Man schließt die Augen, hängt seinen Gedanken nach und lässt den lieben Gott einen guten Mann sein. Zumal auch das Gehör gut funktioniert. Wenn sich Wild nähert, nimmt man das auch über die Ohren gut wahr.

Auf dieser Wiese lagen noch Falläpfel und altes Obst aus dem Lagerkeller. Diese hatte ich regel-

mäßig auf die Wiese geworfen, denn irgendein Tier, ob Rotwild oder Schwarzwild nahm sich garantiert der Äpfel als Zubrot an, gerade in dieser mageren Jahreszeit. Plötzlich hörte ich ein lautes Krachen: Da biss jemand in einen Apfel!
Sternenklare Nacht. Es ist alles ruhig und dann erschallt da dieses Geräusch, wenn jemand herzhaft in einen knackigen, halb gefrorenen Apfel beißt. Das trägt unwahrscheinlich, das hört man weithin. Zumal diese Wiese auch in einem Taleinschnitt lag, so dass es auch immer einen Widerhall gab. Ich spähte also neugierig durch das geöffnete Fenster: Da stand ein Stück Wild, ziemlich groß sogar, Rotwild.
Damals war ich noch nicht gerade ein erfahrener Rotwildjäger. Da ich meinen befreundeten Förstern verpflichtet war, die sich für mich eingesetzt hatten, wollte ich keinen Fehler machen. Rotwild darf man nur tagsüber schießen.

Ich griff also nur zum Fernglas und schaute mir in aller Ruhe dieses Stück an, dessen Silhouette sich vor dem hellen Gras dunkel abzeichnete, der erste Eindruck: Donnerschlag, das ist aber ein gewaltiges Tier mit einem prächtigen Geweih! Ans Schießen verschwendete ich zu diesem Zeitpunkt noch gar keinen Gedanken.

Der Hirsch machte ein oder zwei Schritte nach vorn. Und in dieser Bewegung wurde mir klar: Das Tier läuft irgendwie unrund, das ist ganz und gar nicht das, was man eine ganz normale, ziehende Bewegung nennt. Dies weckte nun doch mein Interesse, ich schaute ganz genau hin und da sah ich die Ursache: Der rechte Vorderlauf in Höhe des Ellbogengelenkes hing eigentlich nur noch an der Decke. Er baumelte herab. Der Hirsch stand nur noch auf drei Läufen.
Was mich dann wunderte: Wie hat er es geschafft, lautlos durch den Wald hierher zu kommen? Ich hätte das doch hören müssen. Später habe ich mir erklären lassen, dass ein krankes Stück Wild sich ganz anders verhält. Dieser Hirsch stand oder saß wahrscheinlich nur 20 bis 30 Meter entfernt. Der konnte sich gar nicht mehr großartig bewegen. Er wusste: Ab und zu liegen dort Äpfel und er kann Gras fressen. Das würde ihn zumindest kurzfristig vor dem Hungertod bewahren.

Nun hatte ich da also ein krankes Stück Wild, das man als Jäger eigentlich der Wildbahn entnehmen muss. Das war die Regel, die ich aus meinem Jagdschein-Lehrgang kannte. Dann kamen jedoch die Zweifel, denn es war mittlerweile schon 21 Uhr abends. Da darf man doch gar nicht mehr schießen? Was mache ich? Ich wusste, dass heute Abend ein guter Freund gemeinsam mit seiner Lebensgefährtin zur Feier eines Försters eingeladen war. Seine Telefonnummer war in meinem Handy gespeichert.

Also zog ich mich in den Hochsitz zurück, nahm die Decken, die dort lagen und deckte mich komplett damit zu, damit der Hirsch mich nicht erlauschen konnte. Ich rief mit dem Handy meinen Freund an, schilderte die Situation und fragte: »Was gilt es nun zu tun?« Die einhellige Meinung der anwesenden Forstbeamten auf dieser Feier war: »Sofort schießen, das Tier ist krank!« Ich bekam also auch noch von Amts wegen die

Information: Ich darf dieses Stück auch in der Nacht erlegen, auch zu Zeiten, wo ich sonst nicht auf dieses Schalenwild schießen dürfte. Das Telefonat beendete ich mit den Worten: »Ich melde mich gleich wieder.«
Ich lugte unter meinen Decken hervor und sah, dass der Hirsch immer noch dort stand. Vorsichtig legte ich also die Decken beiseite, eine davon ins Fenster, immer darauf bedacht, keine Geräusche zu machen. Das Gewehr zog ich vorsichtig an und brachte es in Stellung. Nun stand der Hirsch aber nicht ideal. »Ach«, sagte ich mir, »die Entfernung ja ist nicht so gewaltig. Er steht ja still und sichert. Ich werde ihn auf den Träger schießen.«

Das bedeutet schließlich, dass der Hirsch in dem Augenblick auch liegt und nicht mehr wegläuft. Er stand nur etwa 60 Meter entfernt. Kein nervöses Zittern, keine Aufregung. Da ich nicht unter Jagdfieber leide, war das eine ganz ruhige Angelegenheit für mich.

Ich sah ihn also im Fadenkreuz, richtig vergrößert, ordentlich abgekommen. Und der Schuss brach! Nachdem durch den Lichtblitz des Mündungsfeuers erstmal die Augen geblendet waren und sich wieder an die Dunkelheit gewöhnen mussten, erkannte ich erst hinterher: Der Hirsch stand immer noch da, genau wie vorher. Was war los, der musste doch umfallen? Aber er blickte noch nicht einmal zu mir, sondern in Richtung Wald, er machte auch keinerlei Anstalten wegzulaufen. Vorsichtig repetierte ich, nahm noch einmal Maß und schoss auf die gleiche Stelle, die ich schon vorher anvisiert hatte. Und dann fiel er plötzlich um, wie vom Blitz getroffen. Das war´s.
Sofort machte ich meine Ankündigung wahr und rief die Förster wieder an: »Ich bin fertig. Der Hirsch liegt!«, sagte ich. »Ich gehe nun hin und sehe mir das Ganze erstmal an.«
»Wir kommen dann nachher auch noch vorbei«, klang es aus dem Hörer. Wir verabschiedeten uns und ich machte mich auf zum erlegten Tier. Mir wurde klar, dass das nicht irgendein Hirsch war, sondern ein gewaltiges Tier. Ein kapitaler Hirsch.

Es war mittlerweile halb Zehn und ich rief zwei Förster an, die direkt in der Nähe wohnten und die bezüglich der Jagdpacht auch für mich Leumund gegeben hatten. Beide kamen auch umgehend zu der besagten Wiese. »Was für ein gewaltiger Hirsch. Guck, der hat ja nur noch drei Läufe. Das hast du gut gemacht!«

Zu dritt standen wir um das Stück Rotwild herum und einer der Förster fügte hinzu: »Nach diesem Hirsch haben wir schon eine Woche lang gesucht, alle waren hinter ihm her!«

»Na, prima«, sagte ich, »schön, dass ich das erst jetzt erfahre. Hättet ihr mal früher Bescheid gegeben, dann hätte ich mir nicht so viele Gedanken gemacht.«

Nun lag er also da und hatte sein Ende gefunden – und das auf ordentliche Art und Weise. Den zweiten Schuss hatte ich noch nicht einmal erwähnt. Als sie wegfuhren und ich wieder allein war, kam jedoch die drängende Frage auf: Warum ist er nach dem ersten Schuss nicht umgefallen? Er hatte sichtlich nur ein Loch. Das heißt, die erste Kugel hatte komplett gefehlt. Aber bei einer solch guten Auflage, so guter Sicht, bei allen guten Randparametern: Wie konnte das sein?

Ich ging also nochmal zum Hochsitz, nahm die Taschenlampe und leuchtete alles ab. Da sah ich, dass ein sehr dünner Buchenzweig, der vor dem Hochsitz von unten nach oben gewachsen war, ausgefranst war, abgeschossen. Dieser befand sich beim Schuss ungefähr einen halben Meter vor der Mündung. Ich hatte ihn nicht im Zielfernglas sehen können und auch zuvor nicht bemerkt. Dieser dünne Zweig hatte die Kugel so abgelenkt, dass sie überhaupt nicht in die Nähe des Tieres kam. Insofern lief diese Geschichte noch sehr glücklich ab. Wäre der Hirsch nicht so krank gewesen, wäre er mit Sicherheit geflohen. Er sicherte auch, blickte in Richtung Wald, weil der Schall in diesem Taleinschnitt zurückgeworfen wurde und aus dem Wald zu ihm kam. Aber richtig fluchtfähig war er nicht mehr. Und so kam ich mit viel Glück des nachts zu einem kapitalen Hirsch. ■

SOLLING-HIRSCH NACH MACKES ART

ZUTATEN (4 Portionen)

4 Stücke Hirschrücken
à zirka 180 Gramm
400 Gramm Schnippelbohnen
300 Gramm frische Pfifferlinge
1 rote Zwiebel
400 Gramm kleine Kartoffeln
200 Gramm Frischkäse
200 Gramm Rucola
1 Flasche Olivenöl
200 Milliliter Himbeeressig
Salz, Pfeffer aus der Mühle
etwas Zucker
Rosmarin, Thymian, Schnittlauch
1 Knoblauchzehe
Pflanzenöl zum Braten
200 Gramm Himbeeren
4 cl Cognac
150 Gramm Crème double
250 Gramm Butter
Tabasco

Ruhezeit für den Hirschrücken zirka fünf bis acht Minuten.

ZUBEREITUNG

1. Kleine Kartoffeln gut waschen und als Pellkartoffeln in Salzwasser kochen.

2. Schnippelbohnen waschen und in Rauten schneiden mit etwas Salz und Zucker marinieren und zur Seite stellen.

3. Pfifferlinge und Rucola putzen. Zwiebel schälen und in Streifen schneiden.

4. Schnittlauch schneiden und mit dem Frischkäse in eine Schale geben. Mit Salz, Pfeffer, Zucker und etwas Olivenöl würzen.

5. Kartoffeln mit Schale in Ecken schneiden und in einer Pfanne mit Pflanzenöl braten. Mit Salz, Pfeffer und Kräutern würzen.

6. Den Hirschrücken in Olivenöl und Butter langsam rosa anbraten. Einen Zweig Rosmarin, Thymian und eine Knoblauchzehe in die Pfanne legen und alles im Ofen bei 80 °C warm stellen.

7. Den Bratensaft in einen Topf geben und aufkochen, dann mit Cognac ablöschen, etwas Crème double dazugeben und mit Salz, Pfeffer und Zucker abschmecken.

8. Etwas Olivenöl und Butter in eine Pfanne geben. Die Schnippelbohnen, roten Zwiebeln und Pfifferlinge darin anschwenken. Mit Salz, Pfeffer, Zucker und etwas Kräutern abschmecken. Nach Geschmack mit einem Schuss Tabasco etwas pikanter würzen.

9. Eine schnelle Vinaigrette aus Olivenöl und Himbeeressig mit Salz, Pfeffer und Zucker in ein Einmachglas füllen und vermengen. Dann die frischen Himbeeren und den Rucola in einer Schale mit der Vinaigrette mischen und zum Anrichten bereitstellen. (Etwas mehr Zucker in die Vinaigrette!)

10. Hirschrücken aus dem Ofen nehmen und in Ecken schneiden. Schnippelbohnen und Pfifferlinge auf einem vorgewärmten Teller in der Mitte anrichten. Den Rehrücken auf die Schnippelbohnen und Pfifferlinge legen. Die Sauce über den Hirschrücken geben. Den Frischkäse auf den Hirschrücken toppen und den Rucola mit den Himbeeren oben drauf präsentieren.

Wildgericht von Carsten Macke

Der Knopfbock

erzählt von Werner Klages

Der Knopfbock
Werner Klages

Werner Klages' treuer Teckel Knorke

Ein guter Freund hatte einen Gehschein in der benachbarten Forst. Gegen Mittag klingelte bei mir in der Firma das Telefon, es war besagter Freund: »Werner, ich habe gestern Abend einen Knopfbock geschossen, aber leider hat meine Bockbüchsflinte gedoppelt und der Bock ist in einer Fichtendickung verschwunden, die zu Eurer Jagd gehört«, sagte er. »Wir haben heute Morgen mit dem Förster nachgesucht und dabei wurde dessen Teckel geschlagen und wir mussten ihn abtragen.« Er erzählte, dass der Teckel hinkte und sie ihn nicht mehr zur Nachsuche einsetzen konnten. »Könntest Du heute Abend mit Deinem Knorke kommen, die Nachsuche weiterführen und schauen, ob der Bock schon verendet ist?«
Nun sagte ich ihm auch zu, gab aber auch gleich zu bedenken, dass ich ja am nächsten Tag in den Urlaub nach Kärnten aufbrechen wollte. Um 5.30 Uhr war Abfahrt. Es war also klar: Es darf nichts passieren, die Nachsuche muss klappen! Ich brach also trotz Urlaubsplänen noch auf, ging mit meinem Knorke zur Fichtendickung und legte ihm die Halsung und den Schweißriemen um.

Aber die Dickung war so dicht, dass ich Probleme hatte, dem zu Teckel folgen, der schon gleich sehr massiv ansuchte. Er hatte wahrscheinlich schon irgendetwas im Gebüsch gewittert. Ich nahm natürlich kein Gewehr mit, weil es lästig war. Ich hätte in dem Dickicht sowieso nicht schießen können. Nur mein Messer hatte ich dabei. So eilte ich also im Laufschritt hinter dem Hund her, musste teilweise durch die Dickung kriechen und da passierte es: Ich verlor die Schweißleine und der Hund zischte los.
Da konnte ich nur noch still stehen bleiben und horchen: Wo war er jetzt? Zum Glück vernahm ich Geräusche im Gehölz und kämpfte mich durch das Gestrüpp zum Ort des Geschehens. Als ich ankam, hatte der Hund den Bock schon erwischt und zog ihn an den Hinterläufen. Der kleine Teckel hielt ihn tapfer fest und zog ihn sogar nach hinten weg. Doch der angeschossene Bock hatte noch Kraft: Als ich dazukam, sprang er plötzlich auf und kam auf mich zu. So ein Getöse habe ich noch nie gehört, und ich war schon auf vielen Jagden und habe viele Nachsuchen mit meinen Hunden gemacht. Der Bock schrie wirklich wie ein Stier und kam auf mich zugestürmt, und das

als Knopfbock! Damit hatte ich überhaupt nicht gerechnet. Ich konnte also nur noch eines tun: Ich zog mein Messer und rüdete den Hund an, der ihn schon an den Läufen hatte und nach hinten zog. Der Block blieb stehen.
Da ergab sich meine Gelegenheit: Es gelang mir, das Messer halb um die Ecke herum in die Herzgegend zu stoßen. Ich hatte ja kein Gewehr! Der Bock brach zusammen, kullerte den Hang herunter und der Hund sprang in Windeseile hinterher. Am Ende des Hanges lag der Bock schon, verendet, die Messerwunde war also tödlich gewesen. Dann zog ich ihn heraus aus der Dickung, mein Freund wartete ja draußen. Gemeinsam brachen wir den Bock auf und suchten anschließend mein Messer, das nicht mehr in der Herzgegend des Rehbocks steckte. Vermutlich hatte es sich beim Sturz den Hang hinunter irgendwo rückwärts in den Boden gegraben.
Wir suchten und suchten. Mag der Teufel wissen, wohin dieses Messer verschwunden war. Nun war mein Freund aber auch erschöpft und einfach nur froh, dass wir den Bock gefunden hatten, dass er sagte: »Sch… auf das Messer!
Ich kaufe dir ein Neues.«
Wir waren beide sehr glücklich, dass die Nachsuche ein Ende hatte. Der Bock hatte wahrscheinlich nur ein bisschen Schrot abbekommen, aber die Kugel war durch den Doppelschuss ganz woanders hingeflogen.

Er wäre vermutlich sehr viel später sehr qualvoll eingegangen, ein fürchterliches Ende wäre das gewesen. Und so konnte ich ganz beruhigt in der Frühe des nächsten Tages in den Urlaub aufbrechen. ■

FASANEN-FRIKASSEE MIT SPARGEL

ZUTATEN (4 Portionen)

2 Fasane

1 Zwiebel

1 Bündel Suppengrün

1 Bündel Spargel

40 Gramm Butter

40 Gramm Mehl

50 Milliliter Weißwein (trocken)

1 Prise Zucker

2 Blätter Lorbeer

Salz und Pfeffer

1 Schuss Zitronensaft

ZUBEREITUNG

1. Suppengrün und Zwiebel würfeln, Fasane gründlich waschen und in einen großen Topf geben.

Spargel schälen und beiseite legen. Acht Pfefferkörner, eine Prise Salz, Lorbeerblätter und Spargelschalen hinzugeben. Mit zirka eineinhalb Liter kaltem Wasser auffüllen. Aufkochen lassen und bei schwacher Hitze mindestens eine Stunde köcheln lassen.

2. Den Spargel in mundgerechte Stücke schneiden und für 15 Minuten in einem extra Topf unter Zugabe von Salz und einem Schuss Weißwein kochen. Danach abgießen.

3. Nun die Fasane aus der Brühe nehmen. Abkühlen lassen und anschließend das Fleisch von der Karkasse rupfen. 750 Milliliter Brühe abschöpfen.

4. Butter in einem Topf schmelzen, das Mehl unterrühren und anschwitzen bis es goldgelb ist. Die Brühe, einen Schuss Weißwein und einen Spritzer Zitronensaft hinzugeben und unter ständigem Rühren aufkochen.

5. Fleisch und Spargelstücke in die fertige Soße geben, mit Salz und Pfeffer abschmecken. Den Reis wie gewohnt kochen.

Wildgericht von Sebastian Kapuhs

Hirschleber mit Pfifferlingen

erzählt von Werner Klages

In dieser Geschichte geht es um ein Erlebnis während der Hirschbrunft, das ich niemals vergessen werde: Meinen ehemaligen Reviernachbarn, Förster Fritz (ich nenne hier nur den Vornamen), versetzten die Behörden 1966 in ein neues Forstrevier. Er wurde zum Amtmann befördert und bot mir eine Jagdgelegenheit an. Für mich als alten Freund erfüllte sich ein Traum: Ich durfte nun auch in einem Hochwildrevier jagen! Etwa zwei Jahre später suchte ich dort an einem schönen Sonntag, einem herrlichen Septembermorgen, nach einem Abschusshirsch für meinen alten Freund. An der Saukanzel kam mir plötzlich ein Alttier mit Kalb und einem ungeraden Vierzehn-Ender entgegen, welcher links nur eine Zehnerstange hatte. Mir war sofort klar: Das war für Fritz der richtige Hirsch! Ich fuhr zu ihm und musste ihn sogar aus dem Bett werfen.
Als ich das sah, feixte ich: »Wer so lange schläft, der darf eigentlich keinen Hirsch schießen!« und erzählte von dem Prachtexemplar, das ich bestätigt hatte.

»Du solltest auch mal so lange Hirschgäste führen wie ich in dieser letzten Zeit. Da würdest du wahrscheinlich sogar noch länger schlafen«, entgegnete er.
Fritz führte nämlich regelmäßig Jagdgäste in der Brunft, die einen Hirsch frei hatten. An jenem Morgen bot er mal wieder ein Bild für die Götter, denn er zog nie ein langes Nachtgewand an. Und so stand er da vor mir, barfuß und mit seinem kurzen Hemdchen. Er erzählte mir noch, dass er gerade einen Gast gehabt hatte, der nicht schwindelfrei war. Fritz baute immer sehr hohe Hochsitze. Dieser Gast konnte aber partout keine Höhe vertragen und deshalb blieben sie unten. Man muss es wohl nicht extra erwähnen: Bei dieser Jagd kam der Gast natürlich nicht zu seinem Hirsch. Ich ermahnte Fritz trotz der fortgeschrittenen Zeit: »Zieh Dich an, wir beide gehen da jetzt raus. In der Mittagszeit kommt er sicher wieder.« – »Nein, das machen wir nicht. Du bist heute um 16.30 Uhr wieder bei mir und dann gehen wir zusammen dorthin.«
Ich bekam sofort ein schlechtes Gewissen und dachte so bei mir: Jetzt bekommst du sicher Probleme mit deiner Frau. Es war ja Sonntag und wir hatten eigentlich einen Nachmittagsbesuch zum Kaffeetrinken geplant, den ich nun absagen musste. Und sie war tatsächlich überhaupt nicht begeistert und ich ging mit schlechtem Gewissen los. Aber ich muss sagen: Es hat sich wirklich gelohnt!

Ich stand also pünktlich um 16.30 Uhr vor Fritzens Tür und zusammen marschierten wir wieder raus zur Saukanzel. Wir hatten noch gar nicht lange gesessen, da hörten wir es rascheln.
Die Schneisen verliefen wie Krähenfüße vom Hochsitz ins Holz. Der Hirsch war von der Mitte zum linken Krähenfuß gelaufen, und auf der Mittelschneise blieben Alttier und Kalb zurück. Und als der Hirsch schrie und den Kopf zurückwarf, da sahen wir, dass die Mittelsprosse in die Gabel gegangen war, eine Krone!

Da sagte Fritze zu mir: »Nee, nee, den kann ich nicht schießen.« Schließlich durfte ein Förster keinen beidseitigen Kronenhirsch erlegen.
»Nun warte doch erstmal ab, bis er wieder richtig steht«, sagte ich.
Als er sich drehte, wurde klar, dass es hier nur eine einseitige Krone gab. Und dann ging alles schnell: Fritz ließ die Kugel fliegen, der Hirsch zeichnete, floh nach rechts, drehte wieder, kam zurück auf die Schneise. Wir konnten sehen, dass er schwer krank war. Und dann verschwand er schon in der Dickung.
Fritz seufzte und raufte sich die Haare. »Vorbei geschossen – so ein guter Hirsch und so eine Schweinerei«, sagte er. »Was machen wir denn nun? Da muss ich morgen wiederkommen und mit dem Teckel nachsuchen!«
»Wir müssen doch erstmal nachgucken, was da drüben los ist«, erwiderte ich.
Ich hatte das Gefühl, dass der Hirsch nicht weit gegangen sein kann und dass wir ihn noch an diesem Abend finden mussten. Sonst hätte das Schwarzwild ihn bis zum nächsten Morgen schon halb aufgefressen gehabt. Wir blieben also noch 20 bis 30 Minuten sitzen und mein Freund nörgelte immer noch vor sich hin.
Die ganze Zeit versuchte ich, ihn zu überzeugen: »Fritz, er hat doch die Kugel. Lass uns doch wenigstens mal nachgucken! Komm, wir machen folgendes: Ich bleibe hier oben sitzen und behalte alles im Blick und du gehst zum Anschuss.«

Zu guter Letzt stiegen wir dann doch gemeinsam runter. Ich marschierte schon die Schneise rauf und sah mich irgendwann um, weil ich ihn nicht mehr hörte. In der Zwischenzeit war Fritz unten stehen geblieben. Also ging ich allein weiter und suchte mit dem Fernglas die Schneise ab. Plötzlich sah ich durch das Astgewirr auf der linken Seite Geweihstangen herausragen, da lag er schon in der Dickung, kaum 90 Meter vom Anschuss entfernt.
Ich lief noch ein Stück weiter, bis ich mir sicher war und rief: »Fritz, Hirsch tot! Hier liegt er, das ist so ein richtiger Amtmanns-Hirsch!«
Da kam plötzlich Leben in ihn und er marschierte in seinem unnachahmlichen Gang herbei. Man muss dazu sagen: Wir nannten ihn damals »Stiebel« (Stiefel im hiesigen Plattdeutsch), denn er hatte im Krieg beide Hacken verloren, konnte deshalb nicht richtig laufen und musste orthopädische Schuhe tragen. Er stellte sich vor mich hin, stemmte die Arme in die Hüfte und sagte sichtlich erleichtert mit einem breiten Grinsen:
»Der Amtmannshirsch steht mir doch wohl auch zu!«
Wir lachten und die Stimmung war bestens. Gemeinsam zogen wir den Hirsch heraus und er brach ihn auf.
Die Leber packte Fritz gleich ein und sagte: »Werner, die essen wir beide später mal allein, schön gemütlich abends auf der Hütte!« Diese alte Hütte ist wirklich einzigartig, mit nichts zu vergleichen: Es gibt nichts Besseres, als dort abends bei Mondenschein in der Brunft auf der Bank zu sitzen, eine Flasche Bier zu trinken und ringsherum die Hirsche schreien zu hören.

Als das Tier versorgt war, schlug Fritz dem Hirsch das Haupt ab und schulterte es sich auf den Rücken. Nun beschien auch noch die Abendsonne diese Jagdszene. Mein Freund mit dem lichtumflorten

Hirschleber mit Pfifferlingen

Werner Klages

Hirschgeweih auf dem Kopf, wie ein Heiligenschein – herrlich, diesen Anblick vergesse ich nie!
Wir nutzten weiter zusammen die Jagdsaison, die Hirschleber lagerte in der Zwischenzeit in seinem Kühlfach.
Und dann sagte er irgendwann zu mir: »Du, wir müssen aber jetzt die Leber essen. Du kommst am Sonnabend und dann gehen wir auf die Hütte.«
Gesagt, getan, genauso machten wir es dann.
Wir trafen uns und liefen durch den Wald bis zur Jagdhütte. Und weil ich keine Ahnung hatte vom Leberbraten, machte er sich ans Werk. Dafür musste die Leber fein geschnitten werden, er mischte Pfifferlinge rein und viele gute Gewürze.
Und während es so vor sich hinbruzzelte und Fritz darin rührte, dachte ich: »Das stinkt hier aber, hat der solche Blähungen?«
Denn so ähnlich fühlte sich das an: Mal war der Gestank mit aller Macht da, dann plötzlich wieder weg. Zwischendurch riss ich auch mal das Fenster auf. Und irgendwann war die Leber fertig. Dazu gab es Brot und Butter, es sah alles köstlich aus.
Fritz füllte jedem von uns einen richtig schönen Teller auf und sagte: »So, nun lass es dir gut schmecken.«
Ich nahm den ersten Happen und kann nur sagen: Es fühlte sich an, als hätte ich einem Ziegenbock in den Hintern gebissen ... So ekelhaft schmeckte und stank dieses Zeug. Während des Essens leerte ich sechs Flaschen Bier, um alles herunterzukriegen.
Irgendwann hatte ich es dann überstanden – und er auch. Er hatte den Vorteil, dass er dort auf der Hütte ein feines Fichtenbett sein Eigen nannte, das war viel besser als jede Matratze damals. Gerade saß er noch auf dem Rand, dann legte er sich auf die weichen, duftenden Fichtenzweige und schon schnarchte er. Immer, wenn er einen über den Durst getrunken hatte, brummelte er im Schlaf vor sich her: »Ja, ja, bumm, bumm ...« und fiel jedes Mal mit Getöse aus seinem Bett und man musste ihm wieder reinhelfen.

Ich schlief nur auf einer schmalen Holzbank, musste auch noch das Feuer in Gang halten, es wäre sonst sehr kalt geworden in der Hütte. Viel Schlaf bekam ich also nicht. Und jedes Mal, wenn ich Fritze wieder ins Bett helfen musste, dachte ich an diese Leber. Als er dann endlich fest und tief schlief, habe ich sie mir gepackt und den Rest einfach weggeschmissen.

Am nächsten Morgen stand er gut gelaunt auf und sagte zu mir: »Nun hol mal die Leber wieder her, wir wollen frühstücken.«
»Fritze, nun hör aber auf. Die ganze Nacht hast du ‚ja, ja, bumm, bumm' gerufen und ich musste dich wieder in dein Fürstenbett hieven. Was sollte ich aus Verzweiflung machen? Ich habe die Leber aufgegessen!«
»Naja«, sagte Fritz erstaunlich friedfertig. »Dann ist es auch in Ordnung.«

Später machte die Geschichte die Runde und Fritz hatte von nun an immer Probleme, sobald er jemanden zum Leberessen einladen wollte. Selbst wenn sie in Ordnung war, traute ihm kaum noch jemand. Es ist eben eine hohe Kunst, eine Hirschleber in der Brunft richtig zuzubereiten.
Ich hätte die Pfifferlinge lieber nur mit Brot und guter Butter Brot gegessen. ■

GEGRILLTE REHLEBER-SPIESSE MIT SPARGEL-RADIESCHEN-SALAT

ZUTATEN **(3 Portionen)**

1 Rehleber
2 Süßkartoffeln
1 Bündel Spargel
1 Bündel Radieschen
2 Zwiebeln (rot)
1 Esslöffel Olivenöl
1 Esslöffel Apfelessig
1 Esslöffel Rübensirup
1 Teelöffel Senf (mittelscharf)
5 Zweige Thymian
1 Teelöffel granulierter Knoblauch
Salz und Pfeffer

ZUBEREITUNG

1. Den Spargel schälen, die verholzten Enden abschneiden und mit etwas Salz, Zucker und Butter für zirka 14 Minuten kochen. Anschließend abkühlen lassen. Die Radieschen putzen und mit einer Reibe klein raspeln.
Für das Dressing: Öl, Apfelessig, Sirup, Senf mischen und über den Spargel-Radieschen-Salat geben.

2. Die Süßkartoffeln schälen und in kleine Würfel schneiden. Mit Öl, Salz und Thymian würzen und eine halbe Stunde marinieren lassen.

3. Die Rehleber in zirka drei mal drei Zentimeter große Würfel schneiden. Mit Öl, Thymian und Knoblauch mischen und ebenfalls für eine halbe Stunde marinieren lassen. PS: Kein Salz zur Marinade geben, dies macht die Leber zäh. Die Leber-Würfel sollten größer als die Süßkartoffel-Würfel sein, damit beide gleichzeitig gar sind.

4. Nun die Spieße abwechselnd mit Zwiebel, Süßkartoffel und Rehleber bestücken. Bei direkter Hitze zirka zehn Minuten grillen. Anschließend anrichten und mit Salz und Pfeffer würzen.

Wildgericht von Sebastian Kapuhs

Der Lebensbock

erzählt von Werner Klages

Diese Nachsuche fand im Sommer 2006 in einem Revier nahe meines Heimatdorfes statt. Fünf Jahre war ich dort gewesen und hatte eine wunderschöne Gegend schätzen gelernt, ein super Revier: Da konnte man oben vom Holzberg Sonnenauf- und Sonnenuntergänge vom Feinsten erblicken. Eine herrliches Fleckchen Erde. Ich war zwar gerade ins Nachbarrevier gewechselt, aber da gab es diesen neuen Pächter, mit dem ich ein gutes Verhältnis hatte und so durfte ich weiterhin mitjagen.
Dort oben traf ich eine Spaziergängerin, eine alte Schulfreundin namens Ilse. Die war sehr naturverbunden und auf dem Gut Giesenberg aufgewachsen, wo ihr Vater einst als Gutsverwalter gearbeitet hatte. Zudem hatte sie auch lange bei einem Forstmeister den Haushalt geführt. Sie kannte sich also auch bestens mit der Jagd aus.
Bei diesem Spaziergang fragte sie mich: »Werner, hast du diesen guten Bock schon gesehen?«
»Das ja, aber ich bin noch nicht dicht genug herangekommen!«

Den Bock bekam ich von nun an nicht mehr aus dem Kopf, aber trotzdem: das Jahr ging vorüber und ich hatte das Tier immer noch nicht vor die Büchse kriegen können. Und dann kam 2007, gesundheitlich nicht gerade das beste Jahr für mich: Ich hatte im März eine neue Herzklappe bekommen, war ziemlich gehandicapt, bekam zudem noch einen Bypass in jenem Jahr und war insgesamt sehr geschwächt. Eigentlich hätte ich die Jagd erstmal an den Nagel hängen sollen. Aber dann lockte dieser Bock und gesundheitlich ging es auch schon wieder einigermaßen. Mich prickelte es einfach und ich wollte erfahren, ob es das Tier überhaupt noch gab.
Nach fünf Tagen sah ich ihn tatsächlich wieder – an der so genannten trockenen Lenne, wo links und rechts ein Berg in die Höhe ragte. Ich saß auf der linken Seite und hätte über das Tal hinwegschießen müssen, um diesen Bock zu erwischen, was natürlich eine ganz schöne Entfernung darstellte. Trotzdem wollte ich es wagen.

Oberhalb grasten Kühe, unterhalb auch, aber der Bock stand frei in der Mitte und äste da in aller Ruhe. Über ihm stand ein riesiger Dornenbusch. Und ich dachte so: Donnerwetter, wer weiß, ob du den jemals wiedersiehst? Probier es einfach! Ich konnte mich richtig gut in den Hochsitz reindrücken, hatte eine stabile Auflage und dachte mir: Jetzt hast du das Blatt so wunderbar, das müsste klappen. Ich ließ mich also hinreißen und schoss. Das Tier zeichnete, entwischte durch den Stacheldraht und entkam in einen riesigen Komplex von Dornenbüschen. Nun konnte ich aber das Ganze übersehen und erkannte in der nächsten halben Stunde, dass der Bock aus diesem Gebüsch nicht wieder herauskam. Mein Teckel Knorke lag die ganze Zeit unten an der Leiter und wurde langsam nervös, denn er kannte als erfahrener Jagdhund diese Situation schon. Er wollte nachsuchen!
Ich kletterte also herunter, lud meinen Knorke ins Auto und umfuhr den Ort des Geschehens, weil es mir viel zu schwierig erschien, ins Tal hinunter- und auf der anderen Seite wieder hinaufzuklettern. Wir liefen also hangabwärts

auf der anderen Seite in Richtung Dornenbüsche bis zu der Stelle, wo ich den Bock getroffen hatte. Dort fand ich sofort Schweiß, legte dem Hund die Halsung um und hatte auch schon den Schweißriemen in der Hand. Ich zeigte ihm die Schweißspur, der Hund saugte die Witterung richtiggehend auf und wurde ganz nervös. Und plötzlich stellte sich heraus, dass die Halsung nicht fest genug angezogen war. Ich hatte sie ihm nur locker übergestülpt und nicht bedacht, dass er wie ein Berserker losstürmen würde. Da ging er mit aller Kraft zurück, zog sich aus der Halsung. Und nun war nicht nur der Bock verschwunden, sondern auch mein Hund.

So stand ich dort, horchte und dachte: Wenn er den Bock gefunden hat, müsstest du doch jetzt irgendwelchen Krach hören. Aber nichts. Keine Spur von Knorke. Dann sah ich auch noch einen Fuchs und die Dämmerung stieg auf. Da ich wusste, dass sich weiter oberhalb ein riesiger Fuchsbau befand, dachte ich mir: Verdammt, ist der nun in der Zwischenzeit dorthin verschwunden? Ich legte ihm also eine Decke hin, den Schweißriemen und die Halsung und hoffte, dass ich ihn am anderen Morgen dort abholen könnte.

Ich fuhr am nächsten Tag wieder zu bewusster Stelle und dachte, dass er sich bestimmt eingefunden hätte, denn es hatte die ganze Nacht Hinkelsteine geregnet. Aber mein Dackel war nicht da. Die Decke war nass, ich selbst inzwischen auch, aber der Hund blieb verschwunden.
Nun nahm ich betrübt die Decke und alles andere mit und fuhr nach Haus. Meine Frau und mein Enkel saßen beim Frühstück und mein Enkel flachste: »Da kannst du mal sehen, was du für einen dämlichen Hund hast!«

»Halt du mal den Mund«, entgegnete ich. «Du kennst ihn doch gar nicht richtig. Wenn ich gefrühstückt habe, dann fahre ich zusammen mit der Oma dorthin, nehme mein Jagdhorn mit und blase richtig, dann wirst du schon sehen!»

Der Hund gab nämlich fast immer Laut, wenn er das Jagdhorn hörte. Wenn er etwa im Fuchsbau war und ich ihn nicht herauslocken konnte, weil er zu stark vorlag, dann nahm ich einfach das Jagdhorn und blies. Wenn er dann herauskam,

musste ich ganz schnell zupacken, sonst verschwand er wieder im Bau. Er erschien immer nur kurz, um nachzusehen, ob ich noch da war.

Wir fuhren also hin, ich holte mein Jagdhorn heraus und begann zu blasen. Und siehe da: Knorke kam aus der Dickung heraus und jaulte mit hochgerecktem Kopf, dann bellte er, das immer abwechselnd, ein Hundekonzert nach allen Regeln der Kunst.

Ich folgte ihm also in die Dornenbüsche hinein. Und da setzte er sich wieder direkt neben den toten Rehbock. Er hatte dort die ganze Nacht Wache gehalten! Der Hund war pitschnass, der Rehbock pitschnass und ich pitschnass. Dann zog ich den Bock heraus. Er hatte nicht ein bisschen an dem Tier herumgezupft, im Gegenteil. Er passte immer gut auf, wenn ich einen Bock schoss, denn ich ging ja meist auch zu Fuß raus. Ich musste ihm nur sagen: »Bleib du da sitzen, ich gehe nach Haus und hole das Auto.«

Dann blieb er dort und niemand hätte das erlegte Tier in der Zwischenzeit klauen können, dem hätten anschließend alle Finger gefehlt! Sobald ich den Bock also draußen hatte, wusste ich: Selbst meine Frau darf nun nicht zu dicht ran. Das war der Vorteil, aber auch das Manko dieses Hundes, denn er verteidigte ohne Rücksicht alles, was mir gehörte. Ich musste ihn also anleinen und zuerst in den Wagen bringen. Gemeinsam mit meiner Frau schaffte ich anschließend den Bock ins Auto.

Das war eine feine Jagd, habe ich mich gefreut! Der Bock war sechs Jahre alt, zurückgesetzt, ein echter Lebensbock. ■

REHSCHÄUFELE GESMOKT UND GESCHMORT

Anmerkung: Schäufele = Schulter

ZUTATEN (3 Portionen)

2 Rehschäufele/Schulter
Salz, Pfeffer aus der Mühle
6 Wacholderbeeren
2 Lorbeerblätter
3 Pimentkörner
je 1 Thymian- und Rosmarinzweig
¼ l kräftiger Rotwein
1 Zitrone
2 Zweige Pfefferminze

ZUBEREITUNG

1. Das Schäufele in den oben genannten Zutaten über Nacht einlegen. Schäufele am nächsten Tag herausnehmen und mit Küchenkrepp abtupfen. Mit fein gehackten Zitronenschalen und Pfefferminze, Olivenöl, Salz und Pfeffer würzen. Die Schäufele im Smoker bei 130 °C zirka eine Stunde garen.

Schmoransatz
6 Schalotten
3 Karotten
150 Gramm Sellerie
1 Knoblauchzehe
5 Zweige Thymian
4 Zweige Rosmarin
etwas Salz, Pfeffer aus der Mühle
4 Esslöffel Öl
1 Esslöffel Tomatenmark
4 cl Balsamicoessig
100 Milliliter roter Portwein
150 Milliliter Rotwein
50 Milliliter Madeira
1 Liter Gemüsebrühe
1 Esslöffel Butter

2. Schalotten und Knoblauch halbieren, Karotte und Sellerie waschen und in grobe Würfel schneiden. Thymian und Rosmarin abspülen, trocken schütteln.

3. Das Gemüse in einem Topf mit etwas Öl dunkelbraun anbraten, Tomatenmark untermischen, und vier bis fünf Minuten anrösten. Mit Salz, Pfeffer und Paprika würzen und mit dunklem Balsamicoessig ablöschen. Nun mit Portwein, Rotwein und Madeira auffüllen. Thymian- und Rosmarinzweige und Knoblauch zugeben, die Gemüsebrühe und die angesmokten Schäufele dazugeben. Zugedeckt zirka eineinhalb Stunden garen. Die weichen Schäufele aus dem Topf nehmen, warm stellen und die Sauce durch ein Sieb passieren. Die Sauce auf die gewünschte Konsistenz einkochen und die Schäufele wieder dazugeben.

Wildgericht von Artur Frick-Renz

Ein grober Keiler in vollem Lauf

erzählt von Werner Klages

Ein grober Keiler in vollem Lauf

Werner Klages

Eine Drückjagd auf Sauen war angesetzt. Ich weiß es noch genau, es war der 4. November 1996 auf einem Truppenübungsplatz in der Nähe. Pünktlich um 13 Uhr begann die Jagd, mit Hunden eines bekannten Meutenführers aus Springe. Dieser führte überwiegend Heide-Wachtel-Terrier, die sehr gut auf der Drückjagd waren.

Nachdem die Jagdleitung uns auf die Plätze angestellt hatte, wurde angeblasen – hohe Aufmerksamkeit war gefordert. Es dauerte gar nicht lange, da hörte ich schon die Hunde laut hetzend auf meinen Stand zukommen. Ich sah auch schon eine Rotte Sauen in lichten Stellen des Hanges. Plötzlich trennte sich von dieser Rotte ein einzelnes Stück und rannte über die rechte Seite auf mich zu. Ich erkannte, dass es ein Keiler war und machte mich bereit.

Als er im halbspitzen Winkel auf mich zukam, trug ich ihm die Kugel an. Am vorderen linken Blatt trat sie ein, am rechten Blatt hinter der Blattschaufel wieder aus.

Das Wildschwein schlug sofort kopfüber mitten im Lauf und erst da erkannte ich, was ich dort geschossen hatte: So einen riesigen Keiler hatte ich noch nie gesehen. Als der sich so in der Luft drehte, dachte ich nur: Mein Gott, wenn der sich jetzt einmal hochwirft. Wo gehst du dann hin? Wenn der dich annimmt, was dann? Ob ich in dieser Aufregung so schnell erneut hätte schießen können, man weiß es nicht. Aber da kam auch schon die Hundemeute von hinten und lief auf den Keiler zu, einige Tiere sprangen sogleich auf ihn. Der Schuss hatte also gut gesessen, und das Überschlagen war nur auf das plötzliche Stoppen des Laufes durch die Kugel mitten in der Bewegung zurückzuführen und nicht darauf, dass dieser Keiler noch Lebensenergie in sich hatte. Dort lag er also und die Jagdhunde zupften an ihm herum. Es stellte sich heraus, dass ich das riesige Tier in diesem Moment gar nicht bergen konnte. Ein Prachtkeiler: Als wir ihn später wogen, brachte er aufgebrochen immer noch 120 Kilo auf die Waage. Seine Waffen waren aufgrund seines Alters nicht mehr komplett. Und der Hundeführer sagte zu mir: »Waidmanns heil, so ein Glück hat nicht jeder: Da ist die Hälfte weg, und du musst nur das bezahlen, was er hat.« Meine Freude war unwahrscheinlich groß.

Dann sagte ein jeder dort zu mir: »Hör, mal, die Waffen nehme ich dir mit und präpariere sie so, wie sie wahrscheinlich früher einmal ausgesehen haben.«
Das habe ich abgelehnt: »Der bleibt so, wie er ist!«

Und alle standen nun drumherum und stellten Vermutungen an, wie alt der Keiler wohl sein mochte. Wir hatten die Unterkiefer schon freigelegt und schätzten, dass er schon sechs Jahre alt sein musste, vielleicht sogar acht Jahre. Wenn ich daran zurückdenke: Ich habe in meinem Leben viele Sauen geschossen, aber so ein Tier ist mir noch nie zuvor begegnet. Das war für mich die Krönung. Im Jahr darauf begegnete mir noch ein grober Keiler, aber den habe ich dann laufen lassen: Der nächste Jäger freut sich auch, wenn er einmal so ein Prachtstück schießen kann. ■

Entenjagd auf Fünen

erzählt von Andreas Helms

Entenjagd auf Fünen

Andreas Helms

Seit 25 Jahren fahren wir Jahr für Jahr zur Entenjagd nach Dänemark, an die Nordspitze der Insel Fünen. Unser Gastgeber ist ein Freund, der dort als Berufsfischer arbeitet. Wie kam es zu dieser ungewöhnlichen Freundschaft? Durch einen Urlauber auf Fünen hatte dieser Fischer davon erfahren, dass wir im Harz Schwarzwild haben. Es war ein großer Traum von ihm, nur einmal im Leben eine Sau, einen Frischling oder einen Keiler zu erlegen. Er kam also eigens deswegen mit seiner ganzen Familie in den Harz gefahren, denn auch seine Frau ist leidenschaftliche Jägerin. In seiner ersten Nacht bei uns erlegte er auch schon sein erstes Stück, und noch in der Dunkelheit ging ich für ihn mit meinem damaligen Jagdterrier Theo auf Nachsuche. Das war der Beginn einer Freundschaft, die weit über das Jagdliche hinausging und die mittlerweile schon über ein Vierteljahrhundert Bestand hat. Seitdem fahren wir deutschen Jäger jedes Jahr im Oktober für ein verlängertes Wochenende nach Dänemark zur Entenjagd, zum Angeln und natürlich, um unsere Freundschaft zu pflegen. Inzwischen begleiten ihn sogar seine Söhne, wenn er und seine Freunde uns im Januar besuchen. Hier verbringen wir zusammen mit den Dänen ein schönes Jagdwochenende auf unserer Hütte. Umgekehrt ist es immer ein großes Abenteuer, wenn wir im Oktober losfahren in Richtung Norden.

Mit der Fahrt allein ist es aber längst nicht getan. Wir treffen uns schon vorher, um die dänische Jagderlaubnis im Internet zu lösen. Den deutschen Jagdschein gilt es hochzuladen, genauso wie die Waffenbesitzkarte und den europäischen Feuerwaffenpass – und dann wird per Kreditkarte

bezahlt. Das klingt jetzt sehr trocken, aber für uns Jagdfreunde ist dies schon der erste Abend, an dem wir gemütlich beisammensitzen – ein erster Vorgeschmack auf Fünen. Später schicken die dänischen Behörden demjenigen, den man während seines Aufenthaltes besucht und dort jagt, die dänische Erlaubnis zu. Wir bestellen für den Aufenthalt zudem eigens Munition, denn in Dänemark ist nur bleifreies Schrot erlaubt. Die Stahlschrotpatronen verstauen wir dann zusammen mit unseren Waffen im Auto. Bevor es in aller Frühe losgeht, frühstücken wir gemeinsam und fahren über Hannover und Hamburg durch den Elbtunnel in Richtung Dänemark. Je näher man der Grenze kommt, desto mulmiger wird das Gefühl: Halten die Grenzer uns an oder nicht? Mit all den Waffen und der Munition im Auto, dem Angel-Equipment und Geschenken, sind wir uns trotz Vorbereitungen nie hundertprozentig sicher, ob es an der Grenze nicht doch zu Problemen kommt. Vielleicht haben wir ja irgendeine nationale Bestimmung übersehen? Wenn aber die Grenzlinie passiert ist, dominiert nur noch die Vorfreude: Es geht auf nach Fünen!

Kurz vor unserem Ziel gibt es dort einen »Koopmannsladen«, dessen Inhaberin Minna heißt, eine 90-jährige Dame. Dort einzukaufen, gehört jedes Jahr unbedingt dazu. Minna verkauft uns immer unseren ersten Kasten dänisches Bier, den wir unseren Freunden als Geschenk mitbringen. Diese trinken nämlich NUR dänisches Bier. Selbst für ihre Jagdaufenthalte in Deutschland bringen unsere Freunde den Gerstensaft aus der Heimat mit. Wir haben alles versucht, um sie für eines unserer

Entenjagd auf Fünen

Andreas Helms

schönen Biere zu begeistern, keine Chance. Es muss dänisches Bier sein, und zwar das regionale Odense Pilsener.

Angekommen, werden wir natürlich auch mit großem Hallo empfangen und packen unsere Mitbringsel aus. Dabei ist immer auch unser selbst gemachter Eierlikör. Warum trinken Männer süßen Likör? Anfangs stießen wir mit diesem Mitbringsel bei den Dänen auf großes Unverständnis. Mittlerweile wissen jedoch unsere Freunde, dass dieser Likör sehr gut zubereitet ist. Es hat inzwischen Tradition, dass wir mit diesem Eierlikör alljährlich aufs Neue unsere Freundschaft begießen.

Am Abend geht es dann auch schon los mit der ersten Entenjagd, und zwar an einem der vielen kleinen Teiche dieser sehr landwirtschaftlich geprägten Gegend. Die Insel ist sehr idyllisch, mit vielen kleinen Feldern und Wiesen, auf denen Pferde und Kühe grasen. Die Felder sind viel kleiner als bei uns und haben Hecken, überall kleine Feldgehölze mit Deckung darin. Hier wachsen Kräuter und Wildblumen. Daher ist der Bestand an Niederwild hier viel höher als in unserer ausgeräumten Landschaft.

In Dänemark ist die Jagd an Grund und Boden gebunden. Wer also ein kleines Stück Land sein Eigen nennt, der darf dort auch jagen. Es geht also abends los, man zieht sich warm an, denn im Oktober werden die Nächte schon recht kalt. Schon Tage vorher kirren die Dänen an diesem Teich mit Weizen an, um die Chancen für uns

zu erhöhen. Und dann setzen wir uns ans Ufer und warten auf Enten, in der Regel Stock- oder Krickenten, die abends über die Teiche fliegen und dort einfallen. Die Dänen machen sich natürlich auch sehr viel Mühe für uns, locken die Tiere mit Entenpfeifen an, damit die »tysken« Jäger es dann leichter haben. Die Dänen amüsieren sich köstlich darüber, dass wir in den ersten Tagen sehr oft danebenschießen. Für uns ist die Zeit auf Fünen zumeist die einzige Epoche im Jahr, in der wir mit Schrot als Munition umgehen. Wir sind Kugelschießer und die Flintenjagd ist einfach ganz anders. Nachdem die Dänen sich am ersten Abend diebisch über unsere Schießkünste amüsiert haben, beziehen wir unsere Hütte und lassen gemütlich das Feuer prasseln.

Morgens bei Sonnenaufgang geht es gleich wieder los. Auf dem Wasser, also vom Boot aus, dürfen nur Dänen jagen, wir Deutsche also nicht. Ich fahre jedoch oft mit dänischen Jägern mit, um die einzigartige Jagd auf dem Wasser mitzuerleben. Jeder Jäger besitzt ein winziges Paddelboot, in dem maximal zwei Personen Platz nehmen können. Diese kleinen, flachen Paddelboote sind typisch für die Entenjagd auf Fünen und zwecks besserer Tarnung in Weiß, Grau und Blau gestrichen. Auch der Jäger und sein Begleiter müssen weiße Kleidung tragen. Eine Schwimmweste gehört dazu, denn in der Regel geschieht dies alles morgens bei sehr kräftigem Wind. Würde keine ordentliche Brise wehen, hätten die Enten keinen Grund, zu den Muschelbänken zu fliegen. Bei Flaute bleiben sie draußen auf dem Wasser.

Doch bei stürmischem Wetter tauchen die Eiderenten an den Untiefen nach ihrer bevorzugten Nahrung, den Miesmuscheln.
Dieses kleine Paddelboot fährt bei steifer Brise und ordentlich Wellengang raus bis zu einer Muschelbank, um dort bei der ersten Dämmerung auf die Eiderenten zu warten. Das ist wirklich ein großes Abenteuer: Wenn das Boot auf den Wellen tanzt, erscheint es mir jedes Mal wie ein Wunder, dass die Dänen bei der Entenjagd nicht mit Mann und Boot umkippen oder zumindest einzelne Jäger ins Wasser fallen. Und dann müssen sie auch noch von diesem schaukelnden Gefährt aus die Enten treffen. Das ist wirklich eine große Kunst!
Wenn es dämmrig wird, hört man schon die Enten kommen, und zwar in der Regel hunderte von ihnen. In unserem kleinen Boot befinden sich 20 bis 30 Lockenten an einer langen Leine, die wir dann ins Wasser lassen, meist nur weiße, kleine Plastikbehälter, die die Enten imitieren sollen. Gegen den Wind legt sich dann der dänische Jäger auf diese Miesmuschelbank und wartet auf die anstreichenden Enten. Geschossen werden dürfen ausschließlich Erpel, was leicht anzusprechen ist, denn diese tragen ein weißes bzw. die Jungtiere ein weißgraues Federkleid. Da die Weibchen braune Federn haben, lassen sie sich sehr gut unterscheiden.

Meine Aufgabe bei dieser Jagd ist es, das Boot im Wind zu halten, und zwar mit einem kleinen Paddel, während der dänische Jäger vorn schießt. Das alles geschieht während des so genannten Entenstrichs, morgens für ein bis zwei Stunden. Danach sind alle Bootsinsassen komplett

durchgefroren und nass bis auf die Unterhose.
Vor der Rückfahrt gilt es nun noch, die Enten einzusammeln, die der dänische Jäger geschossen hat. Wir packen sie zusammen in das kleine Boot und rudern zurück an den Strand. Ich freue mich einfach nur, dass wir nicht gekentert sind und die Enten heil nach Hause bringen und versorgen können.

Dort gilt es dann, die Flinten trockenzulegen, sonst würden diese durch das Salzwasser der Ostsee sehr schnell zu rosten beginnen. Wenn all das erledigt ist, gibt es für alle ein kräftiges dänisches Frühstück, natürlich mit Gammel Dansk, dem hiesigen Magenbitter. Im Laufe des Vormittags versorgen wir anschließend die morgens geschossenen Enten.

Am frühen Nachmittag geht es auch schon weiter: Wir treffen uns mit den dänischen Freunden zur Feldjagd. Dabei treiben wir deutsche Jäger gemeinsam mit drei bis fünf Dänen und ihren Labradoren das ein oder andere Feld ab. Da die Niederwilddichte in Dänemark noch relativ hoch ist, können wir auf einem kleinen Feld von vier

bis sechs Hektar immer ein paar Fasane, einen Hasen und vielleicht sogar eine Schnepfe nicht nur sehen, sondern auch erlegen. Mit viel Glück ist auch einmal eine Gans dabei oder eine Eiderente, die das Feld überfliegt und dann ebenfalls geschossen wird.

Nachmittags treffen wir uns in einer Feldscheune, Garage oder Küche und tragen die Beute zusammen. Wir trinken dort gemeinsam »Öl« (das dänische Bier) und warten darauf, dass die Dämmerung eintritt – um dann wieder zur Entenjagd an einem kleinen Teich aufzubrechen. Und so verbringen wir drei, vier herrlich abwechslungsreiche Tage: morgens mit der Entenjagd im kleinen Boot, tagsüber mit der Feldjagd und abends Ansitz am Teich. Die Zeit vergeht wie im Flug. Wir schließen in diesen Tagen auch immer Wetten ab darüber, wie viele »Beine« der Enten und Hasen denn alle wohl insgesamt erlegt haben. Den Abschluss bildet ein Enten-Hasen-Lotto: Wer mit seiner Schätzung am nächsten dranliegt, bekommt einen Hasen geschenkt. Und so beschert uns die Entenjagd auf Fünen jedes Jahr herrliche Tage, angefüllt mit Erlebnissen, Freude und intensiv gelebter Freundschaft. ■

WILDENTENBRUST AUF WOKGEMÜSE

ZUTATEN (4 Portionen)

600 Gramm Wildentenbrust
3 Zehen Knoblauch
4 Möhren
200 Gramm Zuckerschoten
1 kleine Zucchini
2 Paprika (rot und gelb)
1 Packung Bambussprossen
4 Frühlingszwiebeln
1 Esslöffel Cayennepfeffer
6 Esslöffel Sojasoße (hell)
4 Esslöffel Sesamöl
3 Esslöffel Cashewkerne

ZUBEREITUNG

1. Knoblauch schälen und fein hacken. Paprika waschen, vierteln und in feine Streifen schneiden. Möhren schälen und in schräge Scheiben schneiden. Frühlingszwiebeln putzen und in Ringe schneiden.

Zucchini waschen und der Länge nach halbieren. In dünne Scheiben schneiden. Zuckerschoten waschen und schräg halbieren. Bambussprossen abgießen.

2. Von den Wildentenbrüsten die Haut entfernen und das Fleisch in schmale Streifen schneiden. Mit Salz und Cayennepfeffer würzen. Zwei Esslöffel Sesamöl in einer Wokpfanne heiß werden lassen und die Wildentenbruststreifen von allen Seiten kurz anbraten. Aus der Pfanne nehmen und warm stellen.

3. Restliches Öl in die Pfanne geben und Knoblauch anbraten. Paprika und Möhren dazugeben und ein paar Minuten mitbraten. Gemüse aus der Pfanne nehmen. Jetzt Frühlingszwiebeln, Zuckerschoten und Zucchini drei Minuten anbraten. Bambussprossen hinzufügen und weitere zwei Minuten mitbraten. Paprika und Möhren mit dem restlichen Gemüse in der Pfanne vermischen. Mit Zucker, Salz und Sojasauce würzen. Die Wildentenbruststreifen zum Gemüse geben und untermischen. Mit Cashewkernen garnieren.

Wildgericht von Ilka Dorn

Typisch Theo
erzählt von Andreas Helms

Typisch Theo

Andreas Helms

Theo war ein Deutscher Jagdterrier, ein Charakterhund – und musikalisch obendrein. Immer wenn er Musik im Radio hörte, sang oder besser heulte er laut mit. Und auch was die Jagd anging, hatte dieser Hund sehr oft ganz eigene Ideen, die sich leider nicht immer mit meinen Vorhaben deckten. Sein ausgeprägter Jagdtrieb war denn auch der Grund, warum Theo eines Tages verschwand und eine Reise durch die halbe Republik antrat. Es war Ende der 1980er-Jahre im Harz. Alljährlich fand dort eine Jagd statt, immer zum Waldmanns- oder Unschuldige-Kinder-Tag am 2. Januar. Theo jagte am liebsten an Wildschweinen. Und sollte einmal kein Wild im Treiben sein, kam er zu mir und setzte sich neben mich.
An bewusstem 2. Januar jagten wir am Zigeunerplatz nahe Bad Grund auf Rotwild, Reh- und Schwarzwild. Zwei Treiben waren geplant, eines am Vormittag, eines am Nachmittag. Es war ein trüber Tag mit Temperaturen knapp über der Nullgradgrenze. In der Nacht hatte es geregnet – nasse Kälte zog in die Glieder und der Ansitz war ungemütlich.

Als das erste Treiben zum Ende kam, hatten wir zwei Sauen, ein Reh und ein Stück Kahlwild erlegt. Aber einer fehlte an meiner Seite: mein Terrier! Am Punkt des Treffens und des Schnallens legte ich Decken aus. Der Hund sollte sich dank des vertrauten Geruchs hier wieder einfinden. Nachmittags jagten wir an anderer Stelle weiter. Als ich abends wieder am alten Treffpunkt mit den ausgelegten Decken nachschaute, war der Hund immer noch nicht da. Die nächsten Tage war ausgefüllt mit der Suche nach Theo. Mehrmals täglich fuhr ich zu den Hundedecken in der Hoffnung, dass Theo in einem Fuchsbau gejagt hatte und erst später zurückfand – vergebens. Keine Spur von ihm …

Im Bereich der Jagd suchte ich alle Rückegassen nach dem Hund ab. Ich schaltete Zeitungsannoncen und informierte Polizei, Tierärzte und alle Tierheime der Umgebung. Doch nichts. Und so zog der Alltag wieder ein und die Normalität des Tagesgeschäfts holte uns wieder ein. Ich bekam einfach keine Nachricht über den Verbleib des Hundes. Theo blieb wie vom Erdboden verschluckt. Am 31. Januar des Jahres gab es eine Jahresabschlussjagd im Forstamt, natürlich wieder ohne meinen Terrrier.

Beim abendlichen Streckelegen kam dann eine Mitarbeiterin des Forstamts auf mich zu, denn natürlich kannten alle die Geschichte von meinem verschwundenen Hund. Zufällig hatte sie eine Annonce in der örtlichen Zeitung gesehen, an uns gedacht und die Annonce mitgebracht:

»Deutscher Jagdterrier zugelaufen
Tät. Nr. HJ121328P
Am 2.1. haben wir an der Bundesstraße 444
einen DJT aufgegriffen.
Bitte melden unter Tel. Nr. ...«

Ich war wie elektrisiert. Das musste Theo sein! Ich habe sofort angerufen und ein Treffen für den darauffolgenden Tag verabredet. Am nächsten Tag traf ich dann den ehrlichen Finder. Und der hatte einiges zu erzählen!

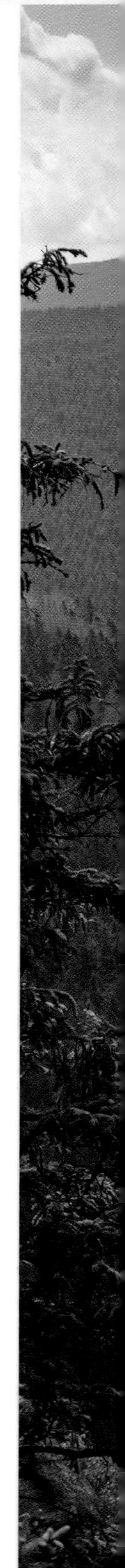

Typisch Theo
Andreas Helms

Am Tag der Jagd, also am 2. Januar, hatte er den Hund auf der Bundesstraße im Raum Bad Grund gesehen. Er lief völlig orientierungslos, nass und zerzaust auf der Straße herum, hatte wahrscheinlich ein traumatisches Erlebnis mit dem Autoverkehr hinter sich. Und weil der Hund so dreckig und vollkommen verstört aussah, nahm ihnen die Finder kurzerhand mit.

Es handelte sich um eine Gruppe von Studenten, die in Lübeck lebte und gerade auf dem Rückweg vom Harz in ihren Studienort war. Als erstes steuerte das Grüppchen einen Tierarzt in Seesen an. Der untersuchte Theo und stellte keinerlei körperliche Schäden fest. Allerdings erkannte der Veterinär auch nicht, dass es sich um einen Jagdhund mit Tätowierungsnummer im Ohr handelte. Sonst wäre uns wohl eine lange Suche erspart geblieben – und den Studenten viel Ärger. Als die hörten, dass die Alternative zum Mitnehmen war, den Hund ins Tierheim zu bringen, packten sie ihn kurzerhand ins Auto und nahmen ihn mit. Während wir Theo also im Harz suchten, saß dieser längst im Auto Richtung Norden, bis ins Studentenwohnheim nach Lübeck. Dort eroberte der energiegeladene Terrier die Herzen, wurde bald zum Liebling aller Bewohner im Studentenwohnheim. Allerdings wäre er nicht der altbekannte Theo gewesen, wenn nicht auch in dieser Umgebung seine Jagdpassion durchgeschlagen hätte …

So entdeckte er etwa beim Spaziergang im Lübecker Stadtwald einen Fuchsbau – und fand ihn natürlich hoch interessant. Der Hund schliefte in den Bau ein und fing an, den Fuchs zu verbellen. Mal wieder hatte Theo ganz eigene Ideen durchgesetzt und blieb gleich mehrere Stunden »unter Tage«. Die Studenten mussten schließlich den Förster informieren. Der wiederum organisierte dann einen Kleinbagger und grub den Hund mit technischer Hilfe aus. Was für ein Aufwand!

Einige Tage später lief Theo bei einem Spaziergang wieder fort. Am damaligen Grenzfluss, der Trave, hatte er einige Enten gesehen, die er dann im Wasser verfolgte. Für den Hund stellte natürlich die innerdeutsche Grenze kein Hindernis dar – für die Studenten allerdings schon. Die Jagd führte den abenteuerlustigen Theo prompt Richtung DDR. Alle schwitzten Blut und Wasser, hatten Angst, dass dem Hund auf der anderen Seite des Flusses etwas zustieß. Die Enten strichen zum Glück ab und Theo kam zurück. Schließlich bot sich ihm auf der anderen Seite des eisernen Vorhangs kein lohnendes Jagdobjekt mehr. Das war dann auch ausschlaggebend dafür, dass die Studenten wissen wollten, welcher Rasse dieser Hund denn angehörte. Die Universitätsbücherei musste herhalten und bot auch bald die Antwort auf ihre Frage: Sie hatten es schon vermutet und nun kam die Gewissheit: Theo war ein tatsächlich ein Jagdhund, ein DJT. Endlich suchten und fanden die Studenten dann auch die Tätowierung im Ohr. Sie schalteten ein Zeitungsinserat in der Tageszeitung am Fundort, um bekannt zu machen, dass sie den Hund aufgefunden hatten. Einige Tage später hatte ich endlich meinen Theo wieder – und mein Hund war wieder um einige Abenteuer reicher. ■

Der Stummel- und der Hakelhirsch

Jürgen Borris

Der Stummel- und der Hakelhirsch

oder Zwei auf einen Streich

erzählt von Jürgen Borris

Der Stummel- und der Hakelhirsch

Jürgen Borris

Herbst. Wenn sich die ersten Blätter des Waldes bunt färben, wenn morgens Nebelschwaden durch die Niederungen wabern. Dann beginnt für uns die fünfte Jahreszeit – denn die Hirsche zieht es zum Kahlwild – die Brunft beginnt. Und alle Jäger und Hirschbeobachter erfasst das Rotwildfieber. Meine Geschichte findet rund um das Revier Mühlenberg im Solling statt, traditionell der Aufenthaltsort überwiegend für Kahlwild. Zur Brunft wandern männliche Hirsche in dieses Revier hinein, die man dort das ganze Jahr über nicht sieht. Das macht es besonders spannend, diese Jahreszeit hier zu erleben. Wir Hirschverrückten sind eine über die Jahre gewachsene Truppe, die das Rotwildfieber gepackt hat. Wir kriechen zur Brunft morgens, mittags und abends im Wald herum und beobachten Hirsche. Ich selbst bin vor allem dort, um sie zu fotografieren. Ältere Hirsche zieht es fast punktgenau auf 100 Quadratmeter auf die angestammten Plätze zurück. Da hat man dann die Chance, Platzhirsche wiederzusehen – wie alte Bekannte, die ich anhand ihrer Geweihformen erkennen kann. Natürlich wächst in den ersten Lebensjahren immer mal wieder ein Zacken mehr und wenn sie älter werden, ist da auch mal ein Zacken weniger am Geweih. Aber ein Fachmann kann eine bestimmte Form in aller Regel wiedererkennen. Wir Hirschverrückten können also sagen: Letztes Jahr habe ich den Hirsch hier beobachtet und dieses Jahr ist dieses Tier wiedergekommen. So verhält es sich auch beim so genannten Hakelhirsch.

Diesen Namen gaben ihm die Hirschbeobachter, weil sein Geweih eine Besonderheit genau über den Augen aufwies. Normalerweise gehen die untersten Sprossen (Fachbegriff: Augsprosse) des Hirschgeweihs mehr oder weniger rechtwinklig von der Hauptstange ab und biegen sich nach oben. Bei diesem Hirsch neigte sich eine Augsprosse nach unten – sogar für ungeübte Beobachter ein sehr markantes Markenzeichen. Zudem hatten Hirschbeobachter im Nachbarrevier in Schießhaus, wo er die Winter verbrachte, das abgeworfene Geweih gefunden. Jedes Jahr tauchte also an dieser Stelle im Revier Mühlenberg zur Brunftzeit der Hakelhirsch auf. Untypisch war: Dieses Exemplar kam trotz seines Alters nie über 14 Enden nie hinaus, in dem einen Jahr lief er als 12-Ender, dann wieder als ungerader 14-Ender. Und sein Geweih wirkte auch sonst nicht besonders massig. Einem Kenner ist das aber nicht so wichtig. Einen Hirsch zu erlegen, der älter ist als zwölf Jahre, bedeutet ihm viel mehr als ein besonders starkes Geweih. Entscheidend ist es, dass die Beobachter erkennen, dass es sich tatsächlich um einen wirklich alten Hirsch handelt. In diesem Fall war es zudem wichtig, dass das Geweih nicht mehr Masse und Enden aufweist, als es die Regeln besagen, denn unser Revierförster hatte in diesem Jahr »einen Hirsch frei«. Das Geweih durfte ein bestimmtes Gewichtsmaß nicht überschreiten und nicht mehr als 14 Enden aufweisen. Kurz gesagt – ein nicht allzu imposanter Hirsch. Von Jahr zu Jahr ging der »Försterhirsch« reihum im Kollegenkreis.

Immer einer nach dem anderen durfte auf ein Tier jagen, das waren immer ein oder zwei Exemplare pro Forstamt. Zu Beginn der Brunft erfuhren die

Kollegen, wer als nächster seinen Hirsch erlegen durfte. Wenn es diesem Förster im Laufe einer angemessenen Zeit nicht gelang, stand es einem anderen frei, auf einen passenden Hirsch zu jagen.

In diesem Jahr sollte es also der Hakelhirsch sein. Die ganze Beobachtertruppe fieberte der Brunft entgegen: Wird dieser Alte wie die Jahre zuvor wieder in sein angestammtes Revier zurückkehren? Das war die Dickung »An der Zachowkanzel« … Alle achteten darauf, dass Ruhe herrschte – damit der Förster möglichst bald zum Zug kam. Und dann, an einem schönen Septembertag, saß er abends auf seinem Hochsitz. Der Hirsch kam in Anblick, allerdings vollkommen verändert: Der Hirsch hatte in diesem Jahr keine Augsprossen geschoben. Sehr alte Hirsche bilden ihr Geweih irgendwann zurück. Dieses Zurücksetzen ist ein Zeichen eines überalterten Hirsches, der die zwölf Jahre weit überschritten hat. Noch erstaunlicher: Wenige Tage zuvor hatten Beobachter in der Nähe noch einen weiteren, alten Hirsch mit kurzen Stummeln auf dem Kopf im Revier Mühlenberg gesichtet. Dieser wurde jedoch nicht bejagt, weil ja bereits der Hakelhirsch als Ziel des Revierförsters ausgemacht war.

Der Hirsch kam also auf seinen angestammten Brunftplatz »An der Zachowkanzel«. Der Förster zögerte. Konnte er sicher sein, dass es sich um denselben Hirsch handelte? Ausgerechnet das sichere Erkennungszeichen – die nach unten gerichtete Augsprosse – war in diesem Jahr in dem zurückgesetzten Geweih nicht ausgebildet. Und doch musste es der lange beobachtete Hakelhirsch sein, alle anderen Merkmale sprachen dafür.

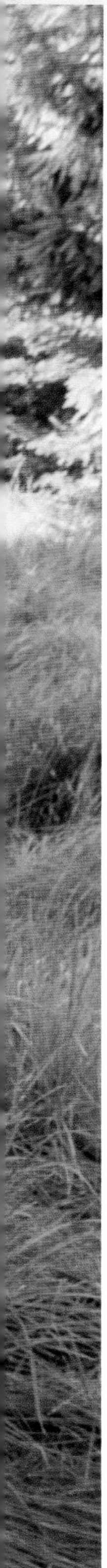

Der Entschluss stand fest, der Schuss saß. Und so lag er bald auf der Strecke, der Hakelhirsch.

Für dieses Revier mit unserer Beobachtertruppe was es etwas ganz Besonderes, dass der Förster, der in diesem Bereich die Verantwortung hat, ein so altes Exemplar selbst erlegt hat. Die Freude war groß! Die Kunde verbreitete sich in Windeseile unter den Försterkollegen und im Freundeskreis. Und natürlich gab es eine Hirschfeier, die der Erleger wie üblich mit Essen und Getränken ausrichtete. Da hieß es »Hoch die Tassen!« Ich allerdings hielt mich bewusst zurück mit dem Feiern und vor allem Konsumieren alkoholischer Getränke. Denn da war ja noch dieser zweite alte Hirsch. Und der Förster hatte sein Tier bereits erlegt. Es war allen klar: Jetzt besteht die Möglichkeit, auf diesen anderen Hirsch zu jagen. Zahlende Gäste wären vermutlich nicht interessiert gewesen, weil diese nur besonders mächtige, starke Geweihe als Trophäen wünschen. Die Feiernden diskutierten lange darüber mit dem anwesenden Forstamtsleiter. Ich schaute mir das eine Weile an und hob dann zaghaft den Finger: »Ich hätte wohl Interesse.« Denn für mich war das in der Tat die Krönung: Wegen des zurückgesetzten Geweihs konnte ich mir sicher sein, dass hier ein alter Hirsch vor mir steht. Es interessierte mich überhaupt nicht, wieviel Masse das Tier auf dem Kopf hat. Im Gegenteil. Der Forstamtsleiter überlegte kurz und sagte dann: »Wissen sie was, ich gebe Ihnen den Hirsch frei.«

Noch am gleichen Nachmittag fuhr ich direkt von der Hirschfeier in den Wald. An die Stelle, wo Hirschbeobachter ihn einige Male gesichtet hatten. Ich kletterte auf den Hochsitz. Schon kurz darauf erblickte ich hundert Meter entfernt Kahlwild – und den Stummelhirsch. Und das Erstaunliche war: Obwohl der Alte so stark zurückgesetzt hatte, führte er ein stattliches Rudel von fünf bis sechs Stücken Kahlwild mit sich. Obgleich doch jeder weiß, dass Hirsche auch wehrhaft sein, Gegner im Zaum halten müssen. Und dass Kämpfe doch üblicherweise mit dem Geweih erfolgen, nahm dieses alte Tier noch immer aktiv als Platzhirsch an der Brunft teil.
Er stolzierte in einer Schneise zweimal hin und her, kam zurück – und dann schoss ich auch schon. Der Stummelhirsch lag auf der Stelle am Boden. Ich musste zwar noch einmal nachschießen, weil ich ihn hoch oben an der Wirbelsäule erwischt hatte. Aber seit ich von der Feier weggefahren war, war noch nicht einmal eine Stunde vergangen!
Ich nahm also das Handy, rief den Förster an, der natürlich als erster Bescheid wissen musste. Der saß mittlerweile schon etwas bierselig in der Runde. Er nahm das Gespräch an und ich rief: »Hirsch tot.« Er antwortete: »Ja, ich weiß, Du bist heute Abend auf einen Hirsch aus, Waidmannsheil.« Ich sagte: »Nein, der Hirsch liegt« und er antwortete »Wie, das kann doch gar nicht sein?« Es dauerte gefühlte fünf Minuten, bis er begriffen hatte, dass ich längst die Runde verlassen und den Hirsch schon erlegt hatte.
Das war natürlich eine Sensation! Es ist ja schon eine Ausnahme, wenn in einem Revier mal ein richtig alter Hirsch fällt. Dass noch während der Hirschfeier, also noch am gleichen Tag, ein zweiter, richtig alter Hirsch zur Strecke kommt, das ist

wohl einmalig. Also schaute die ganze Kolonne, die gerade noch auf den Försterhirsch angestoßen hatte, wer denn überhaupt fahrtüchtig war. Sodann packte die Truppe die Sachen ein, denn auch das zweite Ereignis musste natürlich gebührend gefeiert und gewürdigt werden – und zog in den Wald.

Es war ein 19. September, es herrschte nicht nur unter den Hirschen Hochbetrieb im Wald. Hier im Hochsolling gibt es regelmäßig so genannte Brunftwanderungen. So war es auch an diesem Abend. Der Geschäftsführer des Naturparks höchstpersönlich hatte eine Wanderung anberaumt. Und während diese Gruppe also nichtsahnend einen Waldweg entlangging, um die Schönheit der Natur und der Hirschbrunft zu genießen, stand ich mit der Waffe im Anschlag auf dem Hochsitz. Wir ahnten beide nichts voneinander. Die Gruppe befand sich auf meiner Höhe, da knallte es schon das erste Mal. Das gesamte Brunftgeschehen in der Umgebung verstummte. Kein schöner Moment für so eine Wandergruppe. Kurze Zeit später knallte es das zweite Mal. Auch das stieß nicht auf Begeisterung bei den Naturliebhabern. Der Geschäftsführer war zwar selbst Förster und wusste genau, was da gerade passiert war. Aber in dieser Gruppe waren auch Menschen unterwegs, die der Jagd sehr kritisch gegenüberstanden. Das hätte an sich schon ausgereicht, um gehörig Unmut hervorzurufen. Die Krone des Ganzen war jedoch, dass kurze Zeit später eine Kolonne von fünf, sechs Autos neben

dieser Wandergruppe mitten im Wald hielt. Die Kolonne hielt an, um zu mir zu kommen. Alle packten Körbe aus, es klapperten Flaschen. Es kam wie es kommen musste: Heftige Diskussionen entspannen sich. Der arme Geschäftsführer des Naturparks wusste gar nicht, wie er die jagdkritische Wandergruppe noch im Zaum halten sollte. Da wurden Töne laut, wie unmöglich sich Jäger verhalten und dass hier für die Zukunft ein Zeichen gesetzt werden müsse. Es ging also rund um die geparkten Autos hoch her an jenem Abend.
Ich habe glücklicherweise davon nichts mitbekommen. Dann kamen die Feiernden zu mir und würdigten den auf der Strecke liegenden Stummelhirsch gebührend. Auf mich kam nun schon die nächste Herausforderung zu: So eine ganze Runde von Fachleuten, insbesondere angeschickerte Fachleute, die als Publikum herumstehen. Das macht es doppelt schwer, so ein Tier aufzubrechen. Ich hatte also die zweifelhafte Ehre, einen 120-Kilo-Althirschen vor einem Pulk von Experten aufzubrechen: Ich habe eine Arbeit, die man normalerweise im Stillen und allein erledigt, öffentlich vor einem gut gelaunten Publikum erledigt, das mit mehr oder weniger guten Ratschlägen nicht sparte – kein Spaziergang.

Im Nachhinein stellte sich noch eine Besonderheit heraus: Als der Hirsch auf der Strecke lag, hatten wir endlich Gelegenheit, ihn ganz genau anzuschauen. Und unserem Revierförster fiel

auf, dass der Hirsch an einem Lauscher zwei markante Risse hatte. So etwas hatte er doch schon einmal gesehen, zumindest auf Bildern. Einer davon war ein tief eingeschnittener Riss und etwas oberhalb gab es eine zweite kleinere Einkerbung. Das ist nichts Ungewöhnliches. Wenn Hirsche kämpfen, dann verletzen sie sich schon mal. Nichtsdestotrotz war die Konstellation dieser Einkerbungen etwas Charakteristisches. Und da fiel es mir selbst wieder ein: Ich hatte im Jahr zuvor einen Hirsch fotografiert, der mir sehr nahegekommen war. Damals konnte ich den Kopf in Großaufnahme festhalten. Auf diesem Bild sieht man die Lauscher ganz deutlich mit genau diesen Einkerbungen. Es stand also zweifelsfrei fest, dass der Hirsch, den ich im Vorjahr fotografiert hatte, genau dieses erlegte Tier war, mit einem wichtigen Unterschied: Im Vorjahr hatte er noch ein völlig normales Geweih als 16-Ender! Die Hirschbeobachter hatten ihn ebenfalls mehrfach gesichtet und zu jener Zeit als nicht besonders alt eingestuft. Diese abrupte Veränderung war völlig unerwartet. Im Vorjahr noch ein Hirsch mit normal ausgeprägten 16-Ender-Geweih ohne irgendwelche besonderen Merkmale. Und ein Jahr später nur noch zwei kurze Stummel, der Hirsch hatte also so rapide zurücksetzt. Und dabei besagten zu jener Zeit die Lehrbücher, dass das Zurücksetzen über mehrere Jahre geschieht. Dass sich das Geweih also langsam verformt und dann in einem besonders Altersstadium nur noch kurze Enden ausbildet. Unter den Beobachtern fungierte er nun nur noch als »Stummel«. Diese Entdeckung sorgte später sogar in Fachkreisen

für einiges Aufsehen. Wir überlegten, wie wir diese Zusammenhänge bei der alljährlichen Trophäenschau angemessen präsentieren könnten. So kamen der Revierförster und ich auf die Idee, das Fell des Hauptes mit den Lauschern zu präparieren und so die Kette aufzuzeigen: Auf der einen Seite meine Bilder vom Jahr zuvor mit dem normal ausgebildeten Geweih. Und an der Trophäenwand prangte dann das Geweih des erlegten Hirsches mit Stummeln, aufgesetzt auf einem Brett mit den präparierten Lauschern. Dazu ließen wir die Lauscher eigens von einem Präparator aus Kiel aufbereiten.

Ein Wahnsinnsaufwand, aber so konnte jeder erkennen: Ja, es ist tatsächlich das gleiche Tier. Das Interesse war groß und diese Entdeckung fand sogar seinen Weg in die Fachliteratur, im Buch »Hirschjagd« Teil 3 von Wolfgang Schulte Eine angenehme Begleiterscheinung war: Bei den Landesforsten musste natürlich jeder private Jäger für den Abschuss bezahlen, aber die Summe richtete sich unter anderem nach dem Gewicht. Und da dieses Exemplar nur kurze Stummel hatte, bekam ich die Trophäe meines Lebenshirsches zu einem sehr günstigen Preis. ■

REHRÜCKEN AUF WIRSINGKOHL MIT STEINPILZEN

ZUTATEN (4 Portionen)

Für das Fleisch:
600 Gramm Rehrückenfleisch
200 Milliliter Weißwein
100 Milliliter Balsamico
100 Milliliter Traubensaft
1 Rosmarinzweig
1 Thymianzweig
1 Knoblauchzehe, Salz, Pfeffer

Für den Wirsingkohl:
1 Kopf frischer Wirsingkohl
150 Gramm Speck gewürfelt
2 mittelgroße Zwiebeln, Salz
Pfeffer, Muskatnuss, Zucker
500 Milliliter Sahne
150 Gramm Butter
200 Milliliter Weißwein

Für die Steinpilze:
600 Gramm Steinpilze, etwas
Butter Salz, Pfeffer, Zucker
1 Bund Schnittlauch
1 Bund Petersilie

ZUBEREITUNG

1. Wirsingkohl: Wirsing nach dem Waschen in feine Streifen schneiden, in heißem Wasser ungefähr drei Minuten lang blanchieren, rausnehmen und in Eiswasser legen. Dann Speck und Zwiebeln in Butter andünsten, ohne dass es Farbe zieht. Mit Weißwein ablöschen, Sahne dazu, einmal kurz aufkochen, den Wirsing dazugeben und langsam schmoren lassen, bis er bissfest ist. Dann mit Salz, Pfeffer, Muskatnuss und Zucker abschmecken.

2. Die Steinpilze kurz in guter Butter anschmoren und mit Salz, Pfeffer, Zucker abwürzen. Kurz vor dem Servieren mit Schnittlauch und Petersilie bestreuen.

3. Rehrücken von allen Seiten kurz anbraten. Mit Balsamico und Traubensaft ablöschen, Rosmarin-, Thymianzweige und Knoblauch hinein. Rehrücken herausnehmen, bei 80 Grad in den Backofen schieben für zirka 20 Minuten. Das Fleisch sollte innen noch rosa sein.

Wildgericht von Carsten Macke

Mit der Angelrute auf Taubenjagd

erzählt von Stephan Rolfes

Stephan Rolfes

Ich stamme aus dem Landkreis Vechta und gehe dort gern auf Niederwildjagd. In dieser Region ist die Landschaft relativ klein strukturiert, es gibt viel Landwirtschaft und Feldgehölze und infolgedessen auch sehr viele Ringeltauben. Die Taubenjagd spielt dort also eine große Rolle. Im Winter veranstaltet die Jägerschaft sogar eigens »Taubentage«, an denen alle Reviere gleichzeitig auf Jagd gehen. Das dient dazu, dass die Vögel unruhig und viel unterwegs sind und sich so leichter erlegen lassen. Grundsätzlich ist eine der Jagdstrategien, dass man sich am späten Nachmittag oder gegen Abend neben die Schlafbäume stellt, wo die Tauben abends zum Rasten einfallen, und dann versucht, die Vögel dort zu erlegen.

Unser Jagderlebnis fand nicht im Rahmen der Taubentage statt, sondern an einem gewöhnlichen Wintertag: Es war Ende Januar, das Wetter relativ kalt, in der Nacht hatte es Bodenfrost gegeben und es lag auch ein wenig Schnee über der Landschaft. Gemeinsam mit einem guten Freund, mit dem ich zuvor auch den Jagdschein gemacht hatte, wollte ich Ringeltauben jagen. Wir hatten uns dafür einen langen Eichenkamp in der Nähe eines größeren Bauernhofes ausgesucht, der auch einen

Silohaufen hatte. Die warmen Silohaufen wissen Tauben besonders im Winter sehr zu schätzen – zum Ärger der Landwirte. Es gab hier zudem relativ viel und hohes Feldgehölz rund um die Eichen. Die Vögel flogen abends zunächst die hohen Bäume an, um sich dann später bei Dämmerung in die niedrigeren Gehölze und dichteren Büsche zu begeben und dort zu übernachten. Wie üblich bei solchen Jagden stellten wir uns unter die hohen Eichen, relativ nah am Stamm, um mit dessen Silhouette fast zu verschmelzen. Das Ziel war es, die Tauben mit der Flinte zu erlegen, sobald sie am späten Nachmittag dort einfielen.

Mein Freund und ich standen dort also in der Kälte, hatten Tarnmützen auf und einen Gesichtsschleier und warteten auf die einfallenden Vögel. Die kamen auch tatsächlich und es gelang uns auch immer mal wieder, die ein oder andere Taube zu erlegen. Aber grundsätzlich schien es keine Regel zu geben: Jedes Mal entschieden sich die Tiere für einen anderen Schlafbaum. Es gab einfach kein Muster in der Auswahl! Und weil es sich um einen relativ langen Eichenkamp handelte, schien es egal zu sein, wo wir uns positionierten, es war grundsätzlich falsch: Die Tauben flogen immer einen weit von uns entfernten Baum an. Standen wir am linken Ende, flogen die Tauben nach rechts, standen wir auf der anderen Seite, konnten wir fast sicher sein, dass an diesem Abend die Ringeltauben das andere Ende ansteuerten. Als wir das so einige Tage mitgemacht hatten, konnten wir zwar immer noch keine Regel für den »Schlafbaum des Tages« entdecken, aber dafür fiel uns etwas anderes auf: Sobald die erste Taube sich für einen

Baum entschieden hatte und dort niederließ, folgte die nächste und setzte sich dazu, dann wieder die nächste und so weiter.
Wir mussten also die zufällige Wahl des Baumes irgendwie beeinflussen, denn wir wussten: Sobald eine Taube sich für einen Baum entschieden hatte, folgten die anderen nach. Das wollten wir uns zunutze machen. Wir überlegten uns, dass wir Lockvögel in die Kronen der Eichen bekommen mussten, die dann den Baum für die anfliegenden Ringeltauben attraktiver machten. Doch wie? Dann kam uns die zündende Idee: Wir besorgten uns einen großen, stabilen Ast. Dieser wiederum hatte mehrere stabile Seitenäste, auf denen wir die Locktauben gut befestigen konnten. Außerdem besorgten wir uns noch eine alte Angel. So ausgerüstet machten wir

Mit der Angelrute auf Taubenjagd
Stephan Rolfes

uns auf zu besagtem Eichenkamp. Das Ende der Angelschnur war wie beim Angeln üblich mit Blei beschwert. Und tatsächlich gelang es uns, die Schnur wie geplant über die Krone hinweg zu werfen. An die dünne Angelschnur knoteten wir wiederum eine dickere Schnur und zogen auch diese über den Ast in der Höhe hinweg. Den Ast mit den Locktauben wiederum befestigten wir an der dickeren, stabilen Schnur. Mit gemeinsamen Kräften zogen wir ihn hoch, bis hinauf in die Baumkrone, und tatsächlich: Es sah nun für außenstehende Beobachter – und hoffentlich auch die Ringeltauben – so aus, als ob sich in »unserer Eiche« bereits mehrere Artgenossen niedergelassen hätten. Wir waren beide sehr gespannt, ob wir diesmal mehr Erfolg haben würden. Genau wie an den Abenden zuvor stellten wir uns in Position, getarnt und an die Eichenstämme geschmiegt, und warteten auf die einfallenden Tauben. Doch diesmal war tatsächlich alles anders: Die Vögel suchten sich nicht einen weit entfernten Baum aus, sondern flogen unsere Eiche mit den Locktauben an! Statt wie bisher nur 2 bis 4 Tauben am Tag zu erwischen, erlegten wir an jenem Abend wohl jeder 15 von ihnen. Eine sehr erfolgreiche Taubenjagd in relativ kurzer Zeit! Es folgten noch weitere dieser erfolgreichen Jagdtage, in deren Anschluss wir die frisch erlegten, noch warmen Tauben rupften. (Sobald die Tiere erkaltet sind, wird das deutlich schwieriger.) Und obwohl wir beim Warten lange in der Kälte standen und man am Ende der Jagd komplett durchgefroren war, erinnere ich mich noch gerne an jene Tage. Denn unsere Jagdstrategie mit Angelrute war perfekt aufgegangen. ■

WILDE GEFLÜGELBRÜHE

ZUTATEN (3 Portionen)

3 Ringeltauben
1 Bündel Möhren
1 Sellerie
1 Lauch
1 Brokkoli
1 Peperoni
Rotwein (trocken)
Salz, Pfeffer
Wacholderbeeren
2 Lorbeerblätter
1 Esslöffel Butterschmalz
150 Gramm Suppennudeln
3 Eier
1 Schuss Sahne

ZUBEREITUNG

1. Die Ringeltauben rupfen, ausnehmen und gründlich waschen. Anschließend trocken tupfen und in Butterschmalz anbraten. Gewürfelten Sellerie, Möhren und Lauch hinzugeben und anrösten. Nun mit Rotwein ablöschen und kurz einreduzieren lassen. Den Topf mit reichlich Wasser auffüllen, so dass die Tauben und das Gemüse bedeckt sind. Einen gehäuften Esslöffel Salz, Pfefferkörner und Wacholderbeeren sowie zwei Lorbeerblätter hinzugeben. Für zirka drei Stunden köcheln lassen. Gelegentlich umrühren.

2. Die Brühe durch ein Küchentuch abseihen. Die Tauben abkühlen lassen, das Fleisch von der Karkasse lösen und kleinschneiden.

3. Die klare Brühe abschmecken und gegebenenfalls nachwürzen. Nudeln, Möhrenstreifen und Brokkoli in die Brühe geben und für weitere 20 Minuten köcheln lassen bis das Gemüse gar ist. Fleisch, Lauch und Eierstich hinzugeben und servieren.

4. Eierstich: Drei Eier verquirlen, mit Salz und Pfeffer würzen. Einen Schuss Sahne unterrühren und in eine feuerfeste Form geben. Wasser in einem ausreichend großen Topf zum Kochen bringen und die Form hineinstellen, so dass kein Wasser hineinschwappt. Für zirka 15 Minuten köcheln lassen bis eine feste Masse entsteht. Anschließend aus der Form lösen und würfeln.

Wildgericht von Ilka Dorn

Der Geburtstags-Muffelwidder

Roderich Liefner

Der Geburtstags-Muffelwidder

erzählt von Roderich Liefner

Roderich Liefner

Als ich mir von meinen Gästen im Januar 2016 zu meinem 60. Geburtstag die Jagdmöglichkeit auf einen reifen Muffelwiddder wünschte, ahnte ich noch nichts von meinem Glück. Im Oktober 2016 war es dann tatsächlich soweit: Ich durfte im Oberharz waidwerken. Der Revierförster empfing mich freundlich und wies mich kurz aber prägnant in die Jagd ein – unter anderem mit einem kopierten Infoblatt wie Widder aussehen. Ich unterschrieb schnell den Kurzerlaubnisschein und dann ging es ab ins Revier. Warum auch viele Worte verlieren? Wir fuhren kilometerweit durch traumhaft bunt gefärbten Herbstwald. Allerdings fragte ich mich, ob ich jemals wieder herausfinden und herauskommen würde. Das letzte Stück des Weges war durch Rückefahrzeuge entsprechend durchgewühlt, die Spuren tief und mit viel Wasser gefüllt. Aber zum Glück war ich ja mit meinem Allradwagen unterwegs und die Anfahrt lief ohne größere Zwischenfälle.

Auf dem Weg zum Ansitz entdeckte ich schon frische Muffel- und Rotwildfährten. Verheißungsvoll! Allerdings gab es da auch Luchsfährten ...

Ich saß in einem geschlossenen Erdsitz auf halbem Hang. Wie sich später herausstellte hatte mich der Revierförster auf einen Spezialplatz gesetzt: Links und rechts tiefe, steile Taleinschnitte, die über 200 Meter bis hinunter ins Selketal reichten, die Sicht reichte weit, bis 100 Meter. Außerdem erntete ich noch den trockenen Kommentar: »Wir bergen zwar alles, müssen aber eventuell das Tal umfahren und dann von unten heraufkommen. Das geht allerdings nur, wenn die Selke kein Hochwasser führt.« Momentan herrschten jedoch beste Voraussetzungen, im Schuss musste das Stück also liegen!
Ich saß ab 16 Uhr. Kurz nach sechs zeigten sich die ersten Muffel auf sechzig bis siebzig Meter von rechts kommend und zogen äsend quer durch den Hang. Darunter waren Alt- und Schmalschafe, aber auch Lämmer, mit von der Partie auch ein etwa zweijähriger Widder. Dahinter tauchte plötzlich ein starker Widder auf, der dem Rudel gemächlich folgte. Und was für einer! Schnecken durchgebogen bis über die Lichter, Vorschlag stark ausgeprägt zottelig und mit ordentlichem »Ziegenbart« – ein über sechsjähriger, reifer Widder. Ich sah ihn jedoch als viel zu teuer an. Zudem verließ er kurz darauf mit einem Schaf die Szene und verschwand in Richtung Büsche. Doch dann tauchte plötzlich ein weiterer junger Widder auf, fünf Minuten später folgte ein Dreijähriger dem Rudel. Doch was war das? Ein Nackeneinwachser! Waffe raus, den roten Punkt aufs Blatt, doch in dem Moment drehte sich der Widder spitz weg und folgte dem Rudel – keine Chance mehr auf einen schrägen Schuss. Das wäre es gewesen, und das schon am ersten Abend!
In der Folge blieb die Bühne leer. Als es dämmerte, baumte ich ab und fand überraschend gut den Weg zurück zum »Wolfshof« – für die nächsten Tage mein Quartier in Harzgerode. Eine ordentliche Brotzeit hatte ich im Korb: Brot, Wurst, Schoko, Wolters Pils. Der Fernseher bot Eintrachts 1 : 0 über Kaiserslautern – Spitzenreiter! Es war ein spannender Tag mit schönem Abschluss. Die nahe Turmuhr schlug viele Male, zur halben und zur vollen Stunde, kurz war mein Schlaf. Um viertel

nach sechs ging es wieder los. Den Weg fand ich problemlos und saß um zehn nach sieben wieder in meinem Erdsitz. Kurz darauf sollten sich die Ereignisse überschlagen. Nach zehn Minuten zeichneten sich rechts neben mir braune, sich bewegende Umrisse ab – Muffel! Schafe, Lämmer, außerdem ein zweijähriger Widder, wohl zehn bis zwölf Exemplare insgesamt. Alle konnte ich allerdings nicht sehen, bedingt durch den dahinter liegenden weiteren Taleinschnitt. Das Rudel zog auf 10 bis 15 Meter rechts von mir hangaufwärts. Ich hielt den Atem an, stellte jegliche Bewegung ein und schaute aus dem Augenwinkel zu bis sie verschwunden waren. Kein weiterer Widder begleitete sie.

Es dauerte nicht lange und ich vernahm Geräusche links von mir. Auf gleicher Höhe mit meinem Sitz zogen Muffel auf halbem Hang auf mich zu. Mehrere Alt- und Schmalschafe konnte ich ausmachen und auch drei Widder. Einer lief zügig hinter mir entlang, ein anderer verschwand, ohne dass ich sehen konnte wohin. Doch der dritte ließ sich etwas Zeit mit einem Schaf. Er beäugte und bewindete es – Hochbrunft. Ein kurzer Blick durchs Glas ergab: der passte! In diesem Moment nahmen beide Fahrt auf und ich zog meine Waffe. Ich hängte mich aus dem linken kleinen Fenster heraus, legte nach hinten an und ließ die Kugel aus dem Lauf, auf acht bis zehn Meter Distanz.
Der Widder drehte getroffen auf den Hinterläufen. Die Todflucht dauerte 50 Meter, dann verließen ihn die Kräfte und er brach mit Kammerschuss zusammen. Verendet überschlug er sich hangabwärts in Richtung Selke und blieb zum Glück nach etlichen Metern am quer liegenden Totholz hängen. Mir schlug das Herz in Vollstärke bis zum Kehlkopf. Was war DAS gerade?
Nachdem ich mich beruhigt hatte, ging ich zum Widder. Da lag er nun, ein starker, vierjähriger Widder. Erst vier. Etwas betrübt war ich schon. Was

würde man im Forstamt sagen? Reife Widder sollten sechs Jahre alt sein. Ich konzentrierte mich zunächst auf das Versorgen und Bergen des Stückes. Ersteres war kein Problem, aber wie sollte ich das Stück den Hang hochbekommen? Ich legte ihm also den Gurt um und zog. Nur leider rutschte er immer wieder heraus und den Hang hinunter. Schließlich packte ich ihn an den Schnecken und von nun an ging es viel besser. Völlig ausgepumpt, aber froh wuchtete ich den Widder schließlich ins Auto. Selbst schuld, dachte ich, schließlich wollte ich ihn unbedingt allein bergen und zunächst allein mit ihm sein.

Am Forstamt angekommen erntete ich zunächst ein aufrichtiges Waidmannsheil und sparsame Blicke. Es stellte sich als Missverständnis heraus. Alle dachten, ich hätte einen noch stärkeren Alten schießen wollen, aber als ich sagte, dass ich total zufrieden und glücklich sei, wechselte die Stimmung in eine heitere. Wir freuten uns gemeinsam über einen knuffigen Widder mit weiter Auslage, eine besondere Trophäe. Dass es so schnell geklappt hatte, überraschte alle. Wie ich erfuhr, hatte es schon Gäste gegeben, die auch in einer Woche nichts zu Gesicht bekommen hatten. Doch der Zeitraum dieser Jagd war mit Bedacht gewählt, genauso wie der Ansitzplatz, wo sonst fast nie gejagt wird. Ein Jahr zuvor streckte dort ein Gast einen sehr starken Widder, machte vor dem Schuss aber noch die Tür nach hinten auf, so hieß es. Die Zeit und Coolness hatte ich nicht. Waidmannsdank an meine Geburtstagsgäste und das Forstamt Harzgerode für eine erlebnisreiche und spannende Jagd. ■

Der Leuchtkugelhirsch

Roderich Liefner

Der Leuchtkugelhirsch

erzählt von Roderich Liefner

Ein Freund von mir hatte ein Revier in der Heide unweit des Truppenübungsplatzes Munster. Dort saßen wir auf verschiedene Wildarten an, was ja zunächst einmal nichts Außergewöhnliches darstellt. Der Ansitz verlief anfangs auch ohne besondere Vorkommnisse – bis sich auf etwa 100 Meter ein Rotspießer an einem so genannten Kaffhaufen gütlich tat und äste.

Dieser Haufen bestand aus Dreschabfall aus der Getreideernte und Kartoffelresten. Dem Hirsch schien das Ganze sehr gut zu schmecken, denn er fraß dort eine lange, lange Zeit. Mein Problem war, dass er sich immer so drehte, dass ich von meiner Kanzel aus, einem Birkensitz, nicht schießen konnte.

Der Abend wurde später und später und es wurde dunkler und dunkler. Ich sah schon meine Felle davonschwimmen. Aber dann kamen mir die Gefechtsfeldübungen vom nahegelegenen Truppenübungsplatz zugute: Etwa 20 Minuten lang wurde der Himmel ganz hell von der Gefechtsfeld-Beleuchtung und so konnte ich zumindest sehen, ob der Hirsch noch da war. Er stand jedoch immer noch ungünstig.

Das änderte sich jedoch, als ich das zweite Mal in den Genuss dieses künstlichen Lichtes kam. Und so brachte ich meinen Drilling in Stellung und ging in Anschlag. Ich wartete, dass wieder die Gefechtsfeldbeleuchtung anging. Ich weiß nicht, ob die Soldaten gerade eine Pause einlegten? Auf jeden Fall dauerte es eine gefühlte Unendlichkeit!

Ich saß da und wartete, konnte kaum noch die Waffe richtig im Anschlag halten.

Plötzlich ging es wieder los, eine Leuchtkugel tauchte den Himmel in ein helles Weiß und da sah ich den Hirsch wieder schön breit stehen. Sogleich trug ich ihm die Kugel an. Das war eine wunderbare, unverhoffte Jagdunterstützung, wie sie mir danach auch nie wieder untergekommen ist. Von nun an lief dieses Erlebnis in unserem Freundeskreis nur noch unter dem Namen »Der Leuchtkugelhirsch«. ■

Ein Jahresende mit Jagdglück

Roderich Liefner

Ein Jahresende mit Jagdglück

erzählt von Roderich Liefner

Ein Jahresende mit Jagdglück

Roderich Liefner

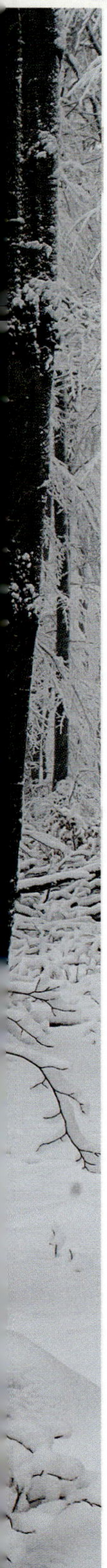

Dieses Erlebnis trug sich Anfang der 1980er-Jahre zu. Das Jahresende näherte sich mit schnellen Schritten, als wir in unserem Freundeskreis beschlossen, zu sechst Silvester auf einer Jagdhütte in den Bergen zu feiern. Diese befand sich im Revier eines Freundes bzw. dessen Vaters, zum dem auch besagte Hütte gehörte, die nur sehr spartanisch ausgestattet war. Es gab keinen elektrischen Strom, kein fließendes Wasser. Es gab überhaupt gar nichts, was man irgendwie hätte benutzen können.

Das heißt, wir mussten alles mitbringen, vom Geschirr über Besteck, Gläser, Trinkwasser bis hin zum Schlafsack und Waschutensilien. Auch alles, was man noch irgendwie verzehren wollte, musste mit, alkoholische Getränke und auch das Fonduebesteck und der Brenner, denn wir hatten beschlossen, Fondue zu machen.
Der Nachteil an der Geschichte war: Man konnte diese Hütte zur damaligen Zeit nicht mit dem Auto anfahren, weil die Schneedecke viel zu hoch war. Und so beschlossen wir, ab einem bestimmten Punkt alles vom Auto auf Schlitten zu packen und verstauten zusätzlich drei Schlitten in unseren Autos, die als Transportgefährte durch den Tiefschnee dienen sollten.

Die Autos waren also vollgepackt mit allem Drum und Dran, das man sich nur vorstellen kann, um zwei Tage auf der Hütte zu verbringen. So war es geplant und so geschah es dann auch: Wir sechs schnallten uns die Langlaufski unter und zogen die vollgepackten Schlitten mehrere Kilometer durch eine herrliche, tief verschneite Winterlandschaft.

Tatsächlich klappte alles wie am Schnürchen. Wir kamen an, packten nach und nach alles aus und richteten uns gemütlich in der Hütte ein. Plötzlich fiel jemandem auf: Wir hatten das Fonduefleisch vergessen! Das war so ziemlich das Wichtigste, um das herum sich unsere kleine Silvesterfeier gestalten sollte. Ohne Fleisch kein Fondue, so einfach war das! Es gab nur eine Chance: Als Jäger auf dem Weg zur Jagdhütte hatte natürlich auch immer jemand ein Gewehr dabei. Wenn wir nicht kilometerweit zurückfahren wollten, gab es also nur eine Möglichkeit, an Fleisch zu kommen: Wir mussten noch am frühen Nachmittag auf Ansitz gehen …

Der Weg durch den hohen Schnee zum Hochsitz war mühselig und wir rechneten nicht wirklich damit, dass wir es schaffen würden, in dieser kurzen Zeit vor der Dunkelheit noch Beute zu machen. Wir hatten unwahrscheinliches Glück:

Ein Jahresende mit Jagdglück

Roderich Liefner

Es tauchte schon kurze Zeit nach unserem Eintreffen ein Rudel Rotwild auf. Und idealerweise bekamen wir sogar ein Rotkalb vor die Büchse. Das bringt wohl das zarteste Fondue-Fleisch mit, das man sich vorstellen kann. Der Schuss saß. Noch am gleichen Nachmittag brachen wir das Tier auf. Das Tier dampfte, rundherum standen tief verschneite Bäume. Auch dieses winterliche »Aus der Decke schlagen« und Zerwirken war schon ein Erlebnis für sich. Und so verarbeiteten wir nach und nach das frisch erjagte Fleisch, damit wir abends etwas zu essen hatten. Das hatte etwas sehr Ursprüngliches.

Ich muss es wohl nicht betonen: Das war das beste Fleischfondue, das wir jemals gegessen hatten. Drei Damen und drei Herren saßen glücklich um das siedende Fett auf dem Brenner und genossen das frisch erjagte Wild.

Ein traumhaftes Erlebnis. Als wir dann nachts um zwölf – natürlich auch schon ein wenig angeheitert – den Jahreswechsel begehen wollten, hatten wir zwar kein Feuerwerk, denn dieses ist ja hier in den Bergen verboten. Wir zündeten aber die letzten Streichhölzer an, die uns noch verblieben waren und warfen sie in den dunklen Himmel. Und so leuchtete unser kleines Feuerwerk wie Sternschnuppen im dunklen Winterwald – es war herrlich. Ich denke heute noch, dass wir dort oben vermutlich die glücklichste Silvesterfeier weit und breit verlebten. ■

Mit einem Bein im Gefängnis

erzählt von Roderich Liefner

Mit einem Bein im Gefängnis

Roderich Liefner

Als ich in meinen Zwanzigern den Studienort von Osnabrück nach Aachen verlegte, suchte ich natürlich wieder nach einer Gelegenheit zum Jagen. Zum Glück stieß ich in der »Wild und Hund« auf eine Kleinanzeige aus der Region. »Interessierte(r) Jungjägerin, Jungjäger gesucht. Nahegelegenes Revier. Zuschriften unter: ...« Das erschien mir genau die richtige, ersehnte Jagdgelegenheit und ich schrieb sofort einen Brief an den Inserenten.

Kurz darauf kam schon die Antwort, und zwar von einem Arzt aus Bergheim, der mich zum ersten Kennenlernen auf eine gemeinsame Jagd einlud. Wir verabredeten uns am Grenzübergang Aachen-Lichtenbusch und ich machte mir ob dieses Treffpunkts auch keine weiteren Gedanken. Doch dann stellte sich heraus, dass sein Revier in Belgien lag, nicht weit entfernt von der Grenze, ein wunderschönes, kleines Waldrevier. Leider ergab sich auch im weiteren Gespräch, dass die Munition, die wir damals verwendeten, nämlich 30–06 Patronen, in Belgien verboten war. Erschwerend kam hinzu: Ich hatte auch keinen belgischen Jagdschein. Aber der Arzt meinte, das sei kein Problem. Schließlich habe er ja den belgischen Jagdschein und ich sei ja nur zu Gast in seinem Revier – und er sei überhaupt noch nie kontrolliert worden. Blauäugig, wie ich damals war, nahm ich das so hin und sagte mir: »Gut, wenn er das alles so im Griff hat und sich seiner Sache so sicher scheint, dann ist es ja kein Problem.«

Und so betrieben wir einige Male erfolgreich diesen »Waffenschmuggel«, wurden weder auf der Hinfahrt noch auf der nächtlichen Rückfahrt irgendwie behelligt. Die Ansitze waren wunderbar, die Kanzeln hervorragend ausgestattet. Nicht etwa so schlicht und spartanisch wie bei uns, denn dort gab es unter anderem weich gepolsterte Sitzbänke. Aber als absolutes Highlight empfand ich die Tatsache, dass auf jedem Hochsitz eine Flasche edelsten Whiskys

mit zwei Gläsern deponiert war. Und wenn man nun Beute gemacht hatte, kam so ein Gläschen Whisky natürlich gerade recht. Und wenn man keine Beute gemacht hatte und in strengster Winterkälte auf Sauen saß, tat so ein Whisky auch sehr gut. Wenn ich ehrlich bin, kann ich im Nachhinein gar nicht mehr genau sagen, ob ich dort überhaupt jemals Beute gemacht habe. Aber den Whisky lernte ich natürlich trotzdem sehr schätzen.
Leider fanden die schönen Tage auf dem belgischen Ansitz sehr bald ein unrühmliches Ende: Es ergab sich eines Tages eine Revierkontrolle durch die belgischen Forstbehörden und die Beamten erwischten mich prompt auf dem Hochsitz. Ich beteuerte sogleich: »Ich habe keinen belgischen Jagdschein, denn ich bin hier nur zu Gast.« Doch das half nichts. Die Beamten kontrollierten neben dem belgischen Jagdschein auch das Kaliber und konfiszierten sofort meine Waffe. Sie wollten mich sogar festnehmen! Ich sah mich schon im belgischen Gefängnis einsitzen, doch zum Glück konnte der Arzt dies noch abwenden, indem er mit Engelszungen auf die Beamten einredete. Wir fuhren sofort zurück nach Deutschland und kamen auch wieder unkontrolliert über die Grenze.

Aber zu Hause erwartete mich dann ein Bußgeld von 150-D-Mark, das für mich als Student damals eine riesige Summe Geld darstellte. Ich hatte jedoch noch großes Glück im Unglück, denn der Arzt fühlte sich doch auch verantwortlich für diese Misere. Er übernahm das Bußgeld und löste meine Waffe bei den Behörden aus. Aber nach Belgien bin ich danach trotzdem nie mehr wieder mit Waffe gefahren. ■

Großes Schwein an der Strecke zwischen Lodz und Strykow
Seeben Arjes

Großes Schwein an der Strecke zwischen Lodz und Strykow

erzählt von Seeben Arjes

Großes Schwein an der Strecke zwischen Lodz und Strykow
Seeben Arjes

Kennt Ihr Marischka? Nein? Macht nichts. Ich kannte sie bis dahin auch nicht. Ich weiß nur: 90–60–90, versteht ganz schlecht Deutsch und hält sich deshalb als Dolmetscherin bereit.
Sie sitzt immer auf dem vorletzten roten Hocker an der Bar, rein zufällig immer dann, wenn ein Bus voll deutscher Auslandsjäger in diesem Hotel wohnt.
Mit echten Keilern hat Marischka nichts am Hut. Jedenfalls nicht freiwillig. In diesem Fall aber doch. Und das nur, weil ihr Handy meinem Handy zum Verwechseln ähnlich sieht.

Aber der Reihe nach:
Als meine Hündin Balda den Anschuss verwies und angespannt die Nachsuche aufnahm, glaubte ich noch an einen Überläufer. Meine Gutgläubigkeit hat mich bei Nachsuchen schon mehrfach in Bedrängnis gebracht.

So kam es denn auch hier wie es kommen musste: Vor einem Windwurfverhau zeigt Balda an – da steckt er drin.
Na gut, dann werden wir ihn gleich haben. Hund geschnallt, 98er durchgeladen, warten – nix. Nanu?
Aber mein Hund ist ja nicht dumm. Balda kommt raus, umschlägt einen Wurzelteller und schon hat sie ihn.
Ihr Standlaut scheint die Wutz richtig zu ärgern. Die hält das nicht lange aus, saust aus ihrem Kessel und nimmt den Hund an.
So weit, so gut. Das ist das übliche Procedere. Ich gehe etwas zur Seite, da kann ich mehr sehen und habe auch besseres Schussfeld. Alles mit Bedacht, denn ich weiß, mein Hund wird das Überläuferchen nicht mehr weglassen. Er wird es eng binden, beschäftigen und ablenken.

Mit dem Fangschuss werde ich warten, bis es passt. Es passt nur dann, wenn ich sicher treffen und meinen Hund nicht gefährden kann.
Ich muss noch etwas näher heran. Jetzt habe ich beide frei.
Aber … oha! Was ist das? Was Balda da vor sich hat, das ist doch kein Überläufer. Achtung! Das ist ein riesiges Schwein! Ein gefährlicher Keiler! Ich kann seine Waffen sehen. Sie blitzen wie weiße Dolche, wenn er mit offenem Gebrech nach dem Hund schlägt.
Plötzlich habe ich Angst. Angst um meinen Hund. Balda scheint sich der Gefahr nicht bewusst zu sein. Sie weicht den Attacken zwar elastisch aus, aber sie stellt zu eng. Viel zu eng! Lässt den Keiler viel zu nahe an sich heran. So kann ich nicht schießen!
Ich mag gar nicht hinschauen. Sehe meinen Hund schon von diesen langen Messern aufgeschlitzt …
Der Keiler ist noch schnell auf den Läufen. Er hat nur noch drei. Ein Vorderlauf baumelt, der ist abgeschossen. Aber die anderen reichen ihm für schnelle Ausfälle gegen die Hündin. Die lässt ihn immer noch viel zu nahe herankommen. Sie riskiert ihr Leben!
Ich versuche, sie abzurufen. Aber sie reagiert natürlich nicht. Sie will nur noch den Erfolg. Sie weiß, dass ich da bin, weiß, dass ich gleich schießen werde, weiß, dass der Keiler gegen uns beide keine Chance hat. Wir haben das hundert Mal gemacht, sie hat unbegrenztes Vertrauen.
Wie auf einer Drehscheibe stehend schlägt der schwarze Riese wild um sich. Immer mit offenem Gebrech, immer mit den offenen Dolchen und immer mit ungeheurer Wucht.

Warum solche Wut gegen meinen Hund? Der war es doch nicht, der ihm einen Lauf abschoss.
Aber das zu differenzieren kann man natürlich nicht von ihm erwarten. Im Gegenteil: Er kämpft einen Kampf, den er nicht angefangen hat. Und im Moment erkennt er in mir und Balda zwei Wesen, die ihn mit seinen Schmerzen nicht in Ruhe lassen, die ihm nach dem Leben trachten.
Es steht ihm zu, sich mit allen Mitteln zu wehren.
Jetzt dreht er sich einmal so, dass Balda hinter ihm steht. Ich könnte jetzt ... auf das Haupt ...
Ich muss dieses gefährliche Drama beenden. Es gelingt.
Fast mit dem Knall springt Balda ein, verbeißt sich irgendwo in der Schwarte.
Das ist immer noch zu gefährlich. Oft genug kommen Keiler nochmal auf die Läufe, legen noch ihre letzte Kraft in den einen finalen Hieb ...
Ich schlage meinen freien Arm um Balda und reiße sie zurück. Halte sie fest, ziehe sie an mich und merke erst jetzt, wie erregt die Hündin ist, die doch so cool schien.
Ihr Herz rast, sie hechelt, der ganze Hund bebt in meinem Arm. Aber mein Puls trommelt auch, meine Hände zittern. Das kommt selten vor.
Der Keiler aber regt sich nicht mehr. Nach und nach können wir ihn uns genauer anschauen und Balda darf seine Schwarte beuteln. Ausgiebig.
Das steht ihr zu. Sie darf ihr kochendes Adrenalin in diese jetzt erloschene Energie hineinschütteln.
Sie darf den Gegner endgültig besiegen, der eben noch sie selbst hatte töten wollen.
Eigentlich sind wir fertig hier. Können zur nächsten Nachsuche fahren. Aber danach ist mir nicht.
Jetzt nicht.
Ich muss diese Erschütterungen des Leibes und unserer Seelen erst einmal abklingen lassen.
Auch Balda hechelt noch. Wir haben eine Pause verdient, unser Blut muss sich beruhigen.
Mein Puls wird dafür etwas länger brauchen, denn nur mir ist klar, in welcher Lebensgefahr mein Hund sich befand.
Balda wird die Dolche nicht gesehen haben. Aber sich diesem Koloss so zu nähern, war schon mehr als mutig, das war arglos. Ihr Leben hing an einem Faden, und der war nur Zentimeter lang. Wir haben Glück gehabt.

Für wen hatte sie das eigentlich getan? Warum riskierte der Hund sein Leben?
Für sich selbst? Um Beute zu machen? Nein, ein Schweißhund frisst keine Keiler.
Wollte der Hund dem Jäger zum Erfolg verhelfen, der diesen »Überläufer« vor drei Stunden leichtfertig anschoss? Gewiss nicht. Den kennt sie gar nicht und dessen Bekanntschaft wird sie auch in Zukunft bestimmt nicht vermissen.
Und für wen tue ich das eigentlich?

Für wen betreibe ich diesen Aufwand, quäle mich und meinen Hund? Für wen oder was begeben wir beide uns in Gefahr?
Aus Gründen des Tierschutzes? Um Tiere zu erlösen, die unschuldig zu Krüppeln geschossen wurden? Um ihr Leiden kurz zu halten?
Es klingt edel, das zu behaupten. Da mag auch ein wenig dran sein. Aber, um ehrlich zu sein, unser Hauptmotiv ist das wohl nicht.
Vielleicht streben wir beide nach dem, was im Augenblick des Erfolges wie ein Glücksregen

über uns kommt. Nach dem Hagelschauer der Endorphine, der wie ein Tsunami unsere Gefühle flutet.
Ich glaube, dieser Sturm schüttelt uns beide unter Haut und Fell gleichermaßen. Diesen Kick suchen wir. Wir begehren ihn so stark, dass wir dafür großen Aufwand betreiben, Reisen machen und unsere Gesundheit riskieren.

Er gibt uns für einen Augenblick das Gefühl, Sieger zu sein. Vielleicht unbewusst das archaische Gefühl, viel Nahrung und damit weiteres eigenes Leben gewonnen zu haben. Diesen Flash muss man nicht erklären, man darf ihn erleben. Bewusst erleben, denn er ist nur von kurzer Dauer. Die Hitze des Strohfeuers weicht bald dem kühlen Rauch des Nachdenkens: Wen oder was haben wir denn nun besiegt? Vor uns liegt ein harmloses Tier, das diesen Streit nicht angefangen hatte. Vor uns liegt ein prächtiges Geschöpf. Hochintelligent, eben noch strotzend vor Kraft und trotz seiner Kraft so friedfertig. Niemals hätte dieses Tier von sich aus einen Menschen oder einen Hund misshandeln oder gar töten wollen.

Welchen Grund hatte dagegen der dicke Hobbyjäger, nach Polen zu fahren, um dort mit Kumpels mal wieder »die Sau rauszulassen«. Hatte er wirklich Spaß daran, dieses edle Tier mit noch beschwipster Hand zum Krüppel zu schießen? Gewiss: Er tat das nicht mit Absicht, aber er nimmt die hohe Wahrscheinlichkeit dazu stets in Kauf. Sekt, Wodka und Marischka sind es ihm wert.

Balda, ein Hund, konnte es besser. Weil sie dieses Handwerk so ernst nimmt, wie jedes Tier es verdient hat. Sie gibt alles. Notfalls ihr Leben.
Ja, und einen vernünftigen Grund hatten wir auch. Der lag schon darin, dass dieser kraftstrotzende Keiler über ein langes septisches Siechtum elend verendet wäre. Wir brachten ihm wenigstens ein kurzes Ende.
Wir freuen uns. Aber dürfen wir darauf stolz sein? Wohl nicht. Letztlich habe ich mich mit meinem Hund zum Vollstrecker einer Sauerei gemacht.
Der kurzatmige Urlaubsjäger spielte heute Morgen zwischen Croissant und Gulaschsuppe zu seinem Zeitvertreib ein Spiel. Ein amüsantes Spiel mit Leben und Tod.
Ein Spiel gegen dieses kraftvolle wehrhafte Wildtier. Ein Spiel, das der Spieler nie verlieren konnte, denn er saß in feiger Entfernung auf einem sicheren Hochsitz.
Aber mein treuer Hund hätte dieses Spiel verlieren können.
In diesem Spiel wurde der Stärkste zum Verlierer und der Schwächste wird der Sieger sein. Mein Hund und ich haben das bewirkt.
Wir leisten einer Lüge Vorschub, denn heute Abend wird man an einem romantischen Feuer Strecke legen.

Viele werden staunend dieses prächtige Tier umstehen. Der Jagdleiter wird öffentlich den Mann ehren, der diesem Prachttier aus sicherer Distanz in den Vorderlauf schoss. Nicht erwähnen wird er den Hund, der es wirklich zur Strecke brachte, der sein Leben dafür riskierte.

Erlegerbruch und Blasmusik werden das Ego eines Menschen streicheln, der heute Morgen mit schlaffer Hand und trübem Auge einfach zweimal dahin schoss, wo er glaubte, ein Wildschwein gesehen zu haben.
Man wird ihn loben, ihm suggerieren, er habe etwas gekonnt. Das wird er gerne glauben. Stolz wird er sein. Noch mehr Sekt wird es geben und Marischka wird daran teilhaben.
Ja, wir, Balda und ich, haben uns in dieses Spiel eingemischt. Sehr effektiv sogar. Aber haben wir uns eigentlich auf die richtige Seite geschlagen?
Apropos Waidmannsheil. Der Waidmann selbst weiß ja noch gar nichts von seinem Erfolg. Der sitzt jetzt im zweiten Treiben, das bald zu Ende sein muss. Ich will ihm von »seinem« Riesenkeiler erzählen, ihm »seinen« Erfolg mitteilen, aber ich kenne seine Handynummer nicht.

Also werde ich den Jagdleiter anrufen. Dessen Nummer habe ich in den Kontakten meines Handys hinterlegt. Das Gerät steckt trocken verstaut hinter Reißverschluss in meiner Nachsuchenjacke.
Nanu ...! Hat da einer was dran gemacht? Der Eingangsbildschirm sieht so fremd aus! Und lesen kann ich nichts. Alles polnisch! Was ist das denn?
Es gibt nur eine Erklärung: Mir war gestern Abend beim Essen schon aufgefallen, dass Marischkas Handy baugleich mit meinem war. Und unser Busfahrer hatte auch so eines.

Da war wohl etwas durcheinandergeraten.
Jetzt sieht es so aus, als stünde ich hier mit Marischkas Telefon im Wald und meines wippt in Marischkas Handtäschchen über die Lodzer Flaniermeilen. Fatal.
Aber ... so schlimm eigentlich auch wieder nicht. Ich kann von ihrem Handy mein Handy anklingeln und Marischka bitten, über die eingespeicherte Nummer, den Jagdleiter anzurufen. Dann wird die Nachricht vom Keiler noch rechtzeitig zum Streckelegen ankommen.
»Marischka, Du hast mein Handy.«
»Weiß ich.«
»Bitte suche unter Kontakte die Nummer von 'Reiseleiter Kill For Cash' und rufe ihn an.
Der steht jetzt mit den anderen Jägern an der Strecke.«
»An Strecke nach Strykow?«
»Nein, nicht an der Straße. Strecke ist der Platz am Jagdhaus, wo immer die toten Tiere hingelegt werden.«
»Egal, was soll ich sagen?«
»Sag' ihm, ich hätte den nachgesuchten Überläufer zur Strecke gebracht. Es sei ein Hauptschwein von circa 150 Kilo.«
»--? --?«

»Also, anders gesagt: Ich habe das große Schwein erschossen. Der Jäger kann dafür geehrt werden.«
»Welcher Jäger?«
»Ich weiß auch nicht, wie der heißt. Ist der Dicke, der gestern Abend so viel Sekt bestellte und wegen seiner mangelnden Sprachkenntnisse zwei Dolmetscherinnen buchte.«

»Gut. Ich mache das. Also großes Schwein an Straße von Lodz nach Strykow. Na razie.
Bis nachher!« ■

Lügen, Tweed und kalter Regen

erzählt von Seeben Arjes

Das war eine honorige Geste des hohen Jagdherrn: Im ersten Treiben durften die Schweißhundführer mit ansitzen.
»Für euch sind Frischlinge und Kitze frei«, sagte der Verwalter, der als Jagdleiter fungierte. »Aber kommt nach Beendigung des Treibens bitte sofort zurück, alle Nachsuchen werden zentral von hier gesteuert.«
Okay, das kannten wir schon, es war Jahr für Jahr dasselbe.
Aber Jagdleiter Paul hatte diesmal noch eine weitere Botschaft, nur für uns Schweißhundführer und vertraulich:
»Wer von euch einen Frischling oder ein Kitz schießt, schleppt das Stück bitte etwa 100 Meter in den Wald und lässt es dort unauffällig liegen. Dafür aber bitte den Anschuss überdeutlich markieren.«
»Warum das?«
»Ich brauche Nachsuchen mit Erfolgsgarantie.«
»Wofür? Hund ausbilden? Hast Du einen Welpen?«
»Dies ist ein 'Kill for Cash Event'. Zwei der Kunden haben einen Modehund und möchten Nachsuchen machen.«
»Können sie das denn?«
»Nein.«
»Warum sollen sie dann ...?«
»Es ist heute schick, Schweißhundführer zu sein. Beide sind zahlende Kunden und haben darum gebeten. Einer von ihnen ist Prof. Bachenmüller. Den kennt ihr ja, ist der, der immer ungestraft die Bachen schießt. Er ist jetzt pensioniert und will noch häufiger zur Jagd gehen. Er hat einen Hund gekauft und sich zum Schweißhundführer ernannt.«
Oh je! Auch das noch. Jetzt also auch der Bachenmüller. Erst kam die Angeheiratete mit einem schicken Dalmatiner, jetzt der Professor mit einem Schweißhund ... Die Eitelkeit der Menschen treibt groteske Blüten!
Der weiß leuchtende Dalmatiner mit der pinken Halsung passte noch irgendwie in dieses Milieu, aber ein Schweißhund zur roten Krawatte mit den Fasanen und neben den Knickerbockern aus englisch Tweed ...?

»Paul, das geht zu weit. Die Nummer mit dem Dalmatiner geht ja noch. Der wird nur vorgezeigt, der richtet keinen Schaden an. Aber das Nachsuchen schwer verletzter Tiere ist ein ernsthafter Teil der Jagd.«
»Der Professor ist ein Freund des hohen Jagdherrn, ein rotarischer jedenfalls.«
»Paul, als Jagdleiter bist du auch den Tieren verpflichtet. Wenn hier schon lebende Tiere Teil eines Events sein müssen, haben wir die Pflicht, sie wenigstens mit den besten Mitteln professionell nachzusuchen und ihr Leiden kurz zu halten. Nachsuche ist wirklich Tierschutz.«
»Das Problem des Professors liegt tiefer. Er leidet doch selbst darunter.«
»Er leidet? Woran?«
»Ihr habt ihn bislang zu oberflächlich gesehen, habt ihn aufgrund seines Auftretens als deplatzierte Jägerkarikatur belächelt und heimlich bespottet, dass seine Feuerkraft im umgekehrten Verhältnis zu seiner jagdlichen Urteilskraft steht.«
»Stimmt.«
»Er leidet aber an dem berüchtigten Chefarztsyndrom.«

»Wie …?«
»Na, schaut doch nur mal hin. In der Klinik spielt er den ganzen Tag die Rolle eines Gottes, der alles weiß, alles kann und niemals Fehler macht. Er erlebt die Menschen nur vor ihm liegend, die Kollegen in devoter Verbeugung und Frauen, die ihn überhöflich grüßen.
Ein auf solcher Ebene gewachsenes Ich kommt dann am Wochenende als Sonntagsjäger in den Wald und merkt, dass er dort keine Koryphäe ist, sondern ein belächelter Dilettant. So ein Zustand ist schlecht zu ertragen, denn sein Ego hat sich an die Darstellung einer Lichtgestalt gewöhnt.«
»Gut, aber warum dann Nachsuchen?«
»Ein Schweißhund an der Leine suggeriert jagdliche Kompetenz. Der Hund hilft ihm, das Bild seiner Eigenwahrnehmung auch vor Jägern zu spielen und sich von ihnen abzugrenzen. Das glaubt er jedenfalls.«
»Paul, das mag ja sein, aber das geht zu weit. So ein Spiel ist das Gegenteil von waidgerecht, das ist Missbrauch …, das ist … Das mache ich nicht mit!«
»Missbrauch wäre es, wenn wir der Kundschaft eine echte Nachsuche mit einem wirklich leidenden Tier verkaufen würden. Dann würden

wir das Leid der Tiere zu Geld machen. Da würde auch ich nicht mitmachen. Genau deshalb machen wir die Schleppen mit dem bereits toten Wild.«

So gesehen hatte Paul vielleicht doch Recht. Das war sogar eine gute Idee. Diese Lüge könnte allen helfen. Einem Ego als Stütze, dem Geldgeschäft des hohen Jagdherrn und dem Frischling konnte es egal sein.
Also schauten wir alle aufmerksam nach einem Frischling.
Der kam aber nicht. Zu mir jedenfalls nicht. Dafür aber zu Torsten, dem Berufsjägerazubi. Der hatte gut aufgepasst und berichtete nach dem Treiben stolz: »Ich habe meinen Frischling vom Birkensitz über den Hauptweg bis in die Hangdickung geschleppt. War leicht, der hat höchstens 30 Kilo.«
Na, prima. Das hatte also schon mal geklappt. Alles andere funktionierte danach auch. Zunächst jedenfalls.
»Herr Professor, wie schön, dass Sie uns beim Nachsuchen helfen. Sie fahren bitte bis zum Birkensitz. Der Anschuss ist mit rotem Papierband markiert, die Fluchtrichtung auch. Wenn Sie das Stück finden, bringen Sie es bitte direkt zum Streckenplatz.«
Paul war sehr zufrieden: »Das läuft gut so. Der Professor wird stolz sein, der Jagdherr zufrieden, die Kasse stimmt. Was wollen wir mehr?«
Sonst war nur noch eine Nachsuche angemeldet und somit genug Zeit, uns vor der Arbeit etwas aufzuwärmen, denn es hatte ein kalter Dauerregen eingesetzt, den ein nasskalter Wind noch unangenehmer machte. Ein Kollege machte sich zwar Sorgen um den feinen Tweed des Professors und seine rote Krawatte mit den Fasanen drauf: »Bei dem Wetter! Und damit in die Kieferndickung hinein...«
Aber das sollte uns nicht scheren. Schließlich war es nicht unsere Krawatte und der Professor längst unterwegs zum Birkensitz.
Die andere Nachsuche erwies sich als kurze Totsuche. So waren wir schnell wieder am Streckenplatz und bester Laune.
»Das wird ein guter Tag«, sagte Paul und alle waren guter Dinge. Fast alle. Einer stand zwischen uns wie das heulende Elend persönlich. Der Azubi im dritten Lehrjahr. Der stierte nachdenklich ins Leere und wollte keinen Glühwein.
»Was ist los?«
»Paul, es tut mir leid. Da geht was schief, ich habe... das wird eine Katastrophe!«
»Was wird eine Katastrophe?«
»Ich habe doch den Frischling geschossen und dann in die Dickung geschleppt, damit der Bachenmüller glaubt, eine echte Nachsuche zu machen.«
»Ja, und?«
»Da hätte ich den Frischling doch eigentlich nicht aufbrechen dürfen. Oder?«

Paul war entgeistert: »Herr Gott, wie kann man so blöd sein!« Uns allen gefror der Glühwein im Glas: »Mannomann, wie peinlich!«
»Können wir nicht noch ... irgendwie ... von hinten ran?«
»Nein, viel zu spät. Das ist wirklich eine Katastrophe!«
Der Tag war gelaufen. Aber das Schlimmste sollte noch kommen. Wie würde der Jagdherr reagieren?

Bachenmüller war einer seiner besten Jagdkunden. Katastrophe!
Einer wollte flüchten. Aber nein! Jetzt stehen wir das auch gemeinsam durch. Keiner geht vor dem Streckelegen. Egal, was passiert. Schließlich hat Paul doch nur im Sinne des Anstandes und der Waidgerechtigkeit gehandelt. Und der Lehrling hat es doch auch nur gut gemeint. Wir sollten dazu stehen. Aber peinlich war das schon. Sehr peinlich! Das war ein schlechter Tag!
Es dauerte ungewöhnlich lange. Aber der hohe Jagdherr wollte nicht anfangen mit dem Streckelegen und Brücheverteilen: »Wir warten noch auf Professor Bachenmüller. Der sucht noch eine Sau nach. Scheint eine schwierige Suche zu sein.«
Dann kam er. Das heißt, er fuhr vor. Das war kein Kommen, das war ein Auftritt, weil alle schon gewartet hatten.
»Jetzt wird er davon ein öffentliches Gericht machen. Paul wird es abkriegen.«
Bachenmüller war so nahe an das Streckenfeuer herangefahren, dass ihn jeder sehen konnte. Ja, er sah sehr adrett aus. Absolut trockener Tweed, feine Schuhe, ein Gentleman, very british.
Er stieg aus und holte aus dem Kofferraum des SUV nicht die Sau, sondern seinen Schweißhund mit Halsung und einen Regenschirm. Spannte diesen über sich, trat nach vorne und berichtete etwas zu laut und etwas zu theatralisch, es sei eine schwere Nachsuche gewesen, aber die Sau habe nur einen Streifschuss und sei nicht zu kriegen.
Der hohe Jagdherr nickte anerkennend. Viele andere auch. Nur unser armer Lehrling fiel von einer Starre in die andere. Jetzt verstand er gar nichts mehr. Nur Paul hatte es sofort begriffen.

Angesichts der trockenen, sauberen Kleidung des Professors hatte er gleich geahnt: Der war zwar hingefahren, aber gar nicht ausgestiegen. Zu kalt, zu nass.
Paul hieb dem verblüfften Azubi auf die hängende Schulter:
»Begreifst Du nicht? Dieses Sauwetter hat Dich gerettet. Heute ist ein guter Tag!«
Ja, so wurde es am Ende doch noch ein guter Tag. Für alle. Für fast alle. Nur für den armen Lehrling nicht. Der verfluchte diesen Tag. Jetzt musste er auch noch hinfahren und den Frischling holen. Aus der dunklen, klatschnassen, saukalten Dickung am Hang.
»Naja«, sagte Paul, »er wird das schaffen, immerhin ist die Sau ja schon aufgebrochen.«
Wir konnten einstweilen einen heißen Punsch trinken und mit dem Professor etwas fachsimpeln. So unter Kollegen. ■

REHRÜCKEN AUF LINSENRAGOUT MIT SELLERIEPÜREE UND APFEL

ZUTATEN **(6 Portionen)**

1 Rehrücken
5 Esslöffel Olivenöl
1 Esslöffel frischer Rosmarin
1 Esslöffel frischer Thymian
1 Teelöffel Salz
1 Teelöffel Pfeffer
2 klein geschnittene Knoblauchzehen

ZUBEREITUNG

1. Den Rehrücken auslösen und von den Sehnen befreien. Den parierten Rehrücken in etwas Öl mit Rosmarin, Thymian und halbiertem Knoblauch von beiden Seiten gleichmäßig heiß anbraten und zirka fünf bis sieben Minuten im Ofen bei 140 °C ziehen lassen. Salzen, pfeffern und etwas ruhen lassen.

Linsenragout
100 Gramm Landjäger
200 Gramm Alb-Leisa
2 Frühlingszwiebeln
1 Karotte
100 Gramm Sellerie
500 Milliliter Gemüsebrühe
3 cl Öl

2. Paprika halbieren, Kerne und weiße Innenhäute entfernen. Karotte und Sellerie waschen, schälen und in feine Würfel schneiden. Frühlingszwiebeln putzen, waschen und in Ringe schneiden. Landjäger ebenfalls in kleine Würfel schneiden. Öl in einem Kochtopf heiß werden lassen. Die Landjäger darin kross anbraten und auf ein Küchentuch legen. Linsen, Sellerie und Karotten in den Topf geben und andünsten. Gemüsebrühe zugießen und zugedeckt bei mittlerer Hitze zirka 12 Minuten garen. Frühlingszwiebeln zugeben, nochmals aufkochen und zur Seite stellen.

Selleriepüree
350 Gramm Sellerie
100 Gramm Sahne
50 Gramm Butter
Salz, Pfeffer
Muskatnuss

3. Den Sellerie abwaschen, schälen und in kleine Würfel schneiden. Die Sahne in einem Topf erhitzen, die Würfel hineingeben und etwa 20 Minuten weich garen. Den Sellerie mit dem Schaumlöffel herausnehmen und mit dem Zauberstab fein pürieren, dabei so viel Kochflüssigkeit wie nötig hinzufügen. Die Butter unterrühren. Das Selleriepüree mit Salz, Pfeffer und etwas Muskatnuss abschmecken.

Eingelegte Äpfel
2 Äpfel
50 Gramm Honig
125 Milliliter Rotwein
1 Prise Muskatnuss
1 cl Roter Balsamico

4. Die Äpfel in Schnitze schneiden und im Sud weich kochen.

Wildgericht von Artur Frick-Renz

Eine Erzählung zur Jagd:

Artemis und die Waldkonferenz

erzählt von Kirsten Gerberding

Kirsten Gerberding

Es dämmert im Langen Schlag am Kristberg. Der Schein der Abendsonne fängt sich im grausanften Borkenfichtenmantel. Sonnenglanz im Moos am Tannengrund, Mückentanz, Geschwirr, der Kleiber tickt vom anderen Hang. Die Amsel kerft und scharrt, stichfein singen die Schnaken, als hörte man in das Summen und Sirren einer anderen Welt.

Schatten und Tau geben sich die Hand, ein Spätsommertag neigt sich dem Ende zu. So könnte man meinen … In der alten Wetterfichte inmitten des Langen Schlages hat die alte Eule Glaux zur Zusammenkunft der Waldtiere gerufen. Es gibt Klagen über die andauernden Eingriffe in den Naturhaushalt, die die Lebensqualität der wildlebenden Tiere zunehmend verschlechtern. Eulen sind weise Vögel und so will die alte Glaux beratschlagen, was zu tun ist.

Sie sitzt auf dem knorrigen Fichtenast, rollt die Lichter, plustert ihr Gefieder und äugt in die Runde. Sie spricht: »Nun, Ihr Lieben. Wer von Euch führt heute mit mir das Wort?« »Ich bin's,

Orion der Dachs rollt sich aus seiner gemächlichen Rückenlage an der Baumwurzel auf die rechte Hinterkeule. Im Langen Schlag, und nicht nur da, hat seine Stimme Gewicht. Er poliert kurz seine hornfarbenen Krallen der rechten Vorderpfote und fabuliert trocken in die Runde: »Nun, meine Freunde, Einklang von Tier und Mensch in der Natur? Ohne sie sind wir zweifelsohne verloren. Aber es geht letztlich um viel, viel mehr. Es muss uns das Kunststück gelingen, in einer wirtschaftlich genutzten Umwelt unseren

Ropicapra, die alte Geiß. Vom Schafberg komme ich, der Weg ist weit, die Knochen schwer, aber die Sorge am Berg treibt uns um. Das Leben dort oben ist karg, der Winter so hart, die Natur fordert ihren Zoll und ja, Jagddruck gibt es auch.«

Felis, die Wildkatze streckt und dehnt sich im Moosbett hinter dem Farn, ihre buschige Rute zuckt nervös. Sie äugt in die Runde und fragt: »Glaux, gibst Du mir das Wort? Das Niederwild schickt mich: Die Hasen berichten, dass sie in den Agrarsteppen keinen Platz mehr für eine geschützte Sasse finden. Den Fasanen fehlen ob des Pestizideinsatzes die Insekten für die Aufzucht ihrer Küken. Rebhühner können ohne die Vielfalt heimischer Kräuter, Gräser und Deckung nicht überleben. So traurig sieht es in den Tälern aus. Ich soll Euch, ehrbares Hochwild, um Antwort auf die Frage bitten: Wie kann das Miteinander von Mensch und Tier im Einklang mit der Natur gelingen? Wir wissen uns keinen Rat. So kann es nicht weitergehen.«

Lebensraum zu sichern. Der Wald ist unser Zuhause, die Bäume das Dach, aber auch der Mensch steckt seine Nase ins saftige Tannengrün: der Wald ist ein wichtiger Wirtschaftsfaktor! Das dürfen wir in unseren Überlegungen nicht außer Acht lassen.«

»Oh, Du liebe Zeit«, murmelt die alte Ropicapra. »Oben auf dem Schafberg sind wir doch ein wenig weg vom Schlag. Aber nun sagt mir doch, der alten Geiß, wer schützt dann die Natur? Wer verantwortet das Überleben unserer Art, dem Hochwild im Besonderen? Mehr noch, wer sichert die Nachhaltigkeit für uns, das Wild?« Die alte Geiß seufzt tief und tut sich nieder.
»Es geht um viel mehr, meine Lieben«, erklingt die sonore Stimme des Königs des Waldes, Rothirsch vom Sechzehnten Kopf. Er spricht: »Es geht um unseren Lebensraum und es geht um die Artenvielfalt. Das muss uns bewusst sein. Uns, dem Rotwild, werfen sie vor, den halben Wald aufzufressen und Euch, Capreolos, dem Rehwild, führen die Menschen die Klage, dass Ihr für die vielen Wildunfälle Verantwortung tragt.«
Der Rehbock, ein selbstbewusster Vertreter seiner Art, trabt in die Runde. »Nun gut, hochverehrter König des Waldes, aber erkläre uns doch, wie Du diese Deine Erkenntnis in die Tat umgesetzt wissen willst? Wir, die Tiere, können das zwar erwarten, aber handeln, das kann doch nur einer: der Mensch.«
»Der Mensch«, ruft Ropicapra entrüstet. »Die Steinböcke und Geißen bei uns sagen, dass der Mensch entnimmt und die Bestände lenkt. Und Ihr könnt mir glauben, das tut bisweilen sehr weh.«
Glaux auf ihrem Ast ist es ungemütlich zumute. Sie grübelt und ruft: »Ich bitte um Ruhe. Ruhe

bitte! Es gibt jemanden, eine ganz besondere, die unsere Wege behütet und die seit Jahrtausenden unsere Schutzbefohlene ist. Sie bitten wir um Rat. In unserer Not rufen wir Dich, Artemis, Göttin der Jagd, des Waldes und des Mondes.« Stille zieht über die kleine Äsungsfläche am Wald und unter die alte Wetterfichte. Kein Lauscher, kein Wedel rührt sich, so, als bliebe die Zeit für einen Moment stehen. Mit feiner Hand streicht ein Luftzug wispernd durch Äste und Nadeln des alten Baumes. Tief aus dem Bestand erklingt Artemis Stimme.

»Hier bin ich, Tiere des Waldes, Euch zu Rate.«
»Bei Euch zu sein, heute, in diesem wundervollen Bestand, unter dieser alten Wetterfichte, ist mir das Schönste. Ich weiß und fühle Eure Ängste und Sorgen. Felis, Du fragtest vorhin: Wie können Tier und Mensch im Einklang mit der Natur leben? Alle Tiere in Wald und Flur, so ist es heute und wird es morgen sein, werden nur in der Verantwortung des Menschen ihren Fortbestand erleben. Es liegt in der Hand des Menschen mit Maß und Demut, mit Respekt und Wertschätzung für die Kreatur die natürliche Artenvielfalt zu sichern. Alles, alles ist endlich.«
Aus der Tiefe des Tannengrundes meldet sich Orion, der Dachs zu Wort: »Ja, Artemis, aber ich habe Zweifel. Der Mensch lernt, aber die Menschheit nicht.« Doch Artemis antwortet ruhig und bestimmt. »Orion, die gute Jagd, der verantwortungsvolle Jäger, weiß um die natürliche Endlichkeit einer jeden Art. Habt Vertrauen zu den Menschen, den Jägern. Denn gerade sie erleben in ihren Revieren, hier im Langen Schlag am Kristberg und überall anders auch, den ewigen Kreislauf vom Werden und Vergehen. Das ist die Essenz jeglicher Existenz.

Wir alle, Mensch und Tier, sind Teil der göttlichen Schöpfung. Im Respekt derselbigen liegt die Erkenntnis, was Nachhaltigkeit für uns alle bedeutet auf diesem Erdenstern. Auch in unseren Wäldern. Dafür stehe ich ein. Ihr habt mein Wort.«

Ein feiner Luftzug durchweht das Geäst der alten Wetterfichte. Artemis lässt das Mondlicht zurück und es kehrt Stille ein im Langen Schlag. ■

GEGRILLTE KRÄHENBRUST MIT FENCHEL UND APFEL

ZUTATEN (3 Portionen)

3 Krähen
1 Fenchel
1 Apfel
3 Kirschtomaten
200 Milliliter Marillenschnaps
1 Esslöffel Butter
1 Teelöffel Heidelbeermarmelade
2 Zweige Rosmarin
2 Zehen Knoblauch
6 Scheiben Räucherspeck (hauchdünn geschnitten)
1 Salz und Pfeffer

ZUBEREITUNG

1. Die Krähen im Bereich der Brust gründlich rupfen. Mit einem scharfen Messer die Brüste herauslösen. Pro Krähe einen Ständer (Fuß) für die Trichinenbeschau abschärfen und einschicken.

2. Ist das Ergebnis negativ, kann das Fleisch weiter verarbeitet werden. Hierzu die Haut auf der Brustoberseite abziehen. Im Gegensatz zur Taube kann diese leicht tranig schmecken.

3. Die Krähenbrüste salzen und pfeffern und in hauchdünn geschnittenen Räucherspeck einwickeln. In etwas Olivenöl scharf anbraten. Nun mit Marillenschnaps ablöschen. Anschließend etwas Butter, Rosmarin und Knoblauch in die Pfanne geben und für wenige Minuten darin schwenken. Für einen leicht süßlichen Geschmack, kann noch ein Teelöffel Heidelbeermarmelade hinzugegeben werden.

4. Nun die Krähenbrüste bei indirekter Hitze für weitere fünf Minuten grillen bis der Speck knusprig ist.

5. In der selben Pfanne den klein geschnittenen Fenchel anbraten. Apfelstücke und halbierte Kirschtomaten hinzugeben, salzen und pfeffern.

Wildgericht von Sebastian Kapuhs

Alttier und Kalb

erzählt von Jürgen Seckelmann

Alttier und Kalb

Jürgen Seckelmann

Alles währte nur gut eine Stunde lang. Ich hatte wieder einmal ein Rotwildkalb und das dazugehörige Alttier erlegt. Dies ist nach meinem Verständnis die schonendste, pfleglichste, weidgerechteste Art, Kahlwild zu bejagen, so wenig wie möglich zu stören und dabei den größtmöglichen Erfolg zu erreichen. Keine Zeugen, kein mit prallem Gesäuge noch tagelang suchendes Tier hinterlassen. Kein Schuss in das vertraut äsende Rudel, das in panischer Flucht wegbrechend auch das führende Alttier mitnimmt – meistens auf Nimmerwiedersehen. Und außerdem wirkt sich die Erlegung von Kalb und Alttier immer unmittelbar auf das erwünschte, aber oft nicht erreichte Alttier-/Kalbverhältnis an der Gesamtstrecke aus. In meinem langen Jägerleben ist mir schon des Öfteren ein solcher Jagderfolg gelungen. Stets ging das einher mit einem Gefühl großer Zufriedenheit und auch Stolz. Doch heute war plötzlich alles anders.

Der Revierleiter Andreas Helms hatte die Jagderlaubnisschein-Inhaber zu einem gemeinschaftlichen Ansitz eingeladen. Es war Anfang September und die Sonne schien. Heute sollte es vornehmlich auf Kahlwild gehen. Mich schickte der Revierleiter zur »Winkelkanzel«, einer kleinen, niedrigen Kanzel im Schnittpunkt zweier rechtwinklig zueinander verlaufender Schneisen in einem ausgedehnten Buchen-Stangenholzkomplex.

Schon beim Angehen sah ich, dass Wild in einer der beiden Schneisen stand. Da ich vom Boden aus nichts bewirken konnte, musste ich unauffällig auf die niedrige Kanzel »kriechen«, was auch gelang. Und da stand im hellsten Sonnenschein vertraut äsend auf etwa 100 Schritt ein Alttier mit Kalb. Auch nach längerer Wartezeit zeigte sich kein weiteres Wild. Eine große Chance bot sich mir da. Aber wenn ich beide Stücke erlegen wollte, musste das Kalb auf der doch recht schmalen Schneise verenden. Gegen 18 Uhr beschoss ich das Kalb, nicht Wildbret schonend hinter, sondern direkt auf das Blatt und das Stück verendete im

Feuer mitten auf der Schneise. Schnelles Repetieren half nicht, das Alttier flüchtete sofort, ohne, wie manchmal üblich, kurz vor dem Bestandesrand noch einmal zu verhoffen. Ich lag noch einige Zeit im Anschlag, sah und hörte aber nichts mehr.
Nun hieß es also warten! Die Minuten schlichen dahin, eine halbe Stunde, eine dreiviertel Stunde verging – nichts tat sich. Das Büchsenlicht würde nicht mehr lange ausreichen und plötzlich war dann da der dunkle Schatten am Rande der Schneise. Im Glas erkannte ich das Alttier, aber nur Träger und Haupt waren gelegentlich frei.
Es verblieb im Schutz des Bestandes, zum Kalb windend, zögerlich hin und her tretend, um dann gleich auch wieder zurückzuweichen. Als das Blatt dann doch für einen kurzen Moment frei war, schoss ich. Das Stück warf sich im Schuss herum und war verschwunden. Ich war mir meiner Kugel sicher, fürchtete aber bei der vorausgegangenen nervlichen Anspannung des Tieres eine längere Totsuche bis in die Dunkelheit hinein. Am Anschuss angekommen, fand ich das verendete Alttier zehn Schritt neben dem Kalb. Es lag am Rande der Schneise in den Himbeeren. Die große Anspannung fiel von mir ab. Ich strich dem Alttier über das Haupt, augenscheinlich ein altes Stück. Dies bestätigten später auch die bis auf den Zahnhals abgeschliffenen Grandeln.

Die Rote Arbeit war bald verrichtet. In tiefer Dunkelheit saß ich neben dem erlegten Wild und wartete auf die Jagdfreunde. Eine eindringliche Stille umfing mich. Ich hatte schon von der mystischen Stimmung gehört oder gelesen, eine solche jedoch bewusst nie erlebt. So oder ähnlich musste sich das anfühlen. Die Zufriedenheit über den Jagderfolg wollte sich aber nicht einstellen. Stattdessen quälte mich eine Frage, nicht zu verdrängen. Wie hat das Alttier, das in seinem langen Leben sicherlich schon das eine oder andere Kalb auf diese Weise verlor, wie hat dieses Tier die letzte Stunde erlebt, was hat es in diesen letzten quälend langen Minuten empfunden? Ich weiß es nicht! Aber bei all dem, was ich in sechzig Jahren Jägerei erlebt und beobachtet habe, bin ich überzeugt davon, dass nicht nur der kalte, emotionslose Instinkt das Handeln der Tiere bestimmt. Der Mensch hat im Verlauf der Evolution in den vergangenen 300.000 Jahren Gefühle wie Zuneigung, Trauer und Angst sowie das Bewusstsein dafür entwickelt. Es ist doch nicht auszuschließen, dass auch andere Arten so oder ähnlich empfinden können!

Was für ein bedrückendes Geschehen: Das suchende Tier im Widerstreit der Gefühle mit dem Bewusstsein für die Gefahr und dem letztlich doch unbezähmbaren Willen, das anvertraute Leben zu schützen und zu retten. Und auf der anderen Seite der Jäger, wartend und nur darauf lauernd, dem bewundernswerten Tier den Tod zu bringen. Doch ohne das Töten ist der gesetzliche Auftrag, einen artenreichen und gesunden Wildbestand zu erhalten, nicht möglich. Diesem Konflikt sind alle Jägerinnen und Jäger ausgesetzt, obwohl es manchem vielleicht nicht so bewusst ist. Ich jedoch werde auf jeden Fall weiter jagen, weil ich zutiefst von der Notwendigkeit der Jagd und der Richtigkeit meines Tuns überzeugt bin. ■

NUTRIAKEULE MIT GEBACKENEN SÜSSKARTOFFELN

ZUTATEN (3 Portionen)

1 Nutria (küchenfertig, zirka acht bis zehn Kilogramm)
4 Süßkartoffeln
200 Milliliter Wildfond
200 Milliliter passierte Kirschtomaten
2 Teelöffel Fleur de Sel (gehäufte Esslöffel)
1 Esslöffel Whiskypfeffer
1 Esslöffel geröstete Koriandersamen
1 Esslöffel Paprikapulver
1 Esslöffel Chiliflocken
1 Schuss Olivenöl
2 Zehen Knoblauch
1 Esslöffel Senf
1 Esslöffel Butterschmalz
1 Esslöffel Oregano
1 Bündel Koriander
1 Packung Feldsalat

ZUBEREITUNG

1. Für die Gewürzmischung: zwei gehäufte Esslöffel Fleur de Sel, jeweils ein Esslöffel Whiskypfeffer, Paprikapulver, geröstete Koriandersamen und Chiliflocken im Mörser zerstoßen und gut vermischen.

2. Diese Gewürzmischung mit einem ordentlichen Schluck Olivenöl, einem Esslöffel gehacktem Knoblauch und Senf vermischen.

3. Die küchenfertige Nutria zerlegen, die Einzelteile mit der Marinade bestreichen und drei Stunden ruhen lassen.

4. Den Dutch Oven anheizen. Hierzu Grillbriketts in einem Anzünder oder auf dem Grill erhitzen. Nun zehn Briketts unterhalb des Ovens verteilen, acht auf dem Deckel.

5. Das Fleisch in Butterschmalz von allen Seiten anbraten. Nun mit jeweils 200 Milliliter Wildfond und passierten Kirschtomaten ablöschen. Frische Korianderzweige in den Topf geben und diesen verschließen. Für zweieinhalb Stunden schmoren lassen, gegebenenfalls Briketts nachlegen.

6. Drei Süßkartoffeln schälen und in zirka zwei mal zwei Zentimeter große Würfel schneiden. Nun mit Olivenöl, Salz, Pfeffer, Oregano und Paprikapulver würzen. Im vorgeheizten Backofen bei 220 °C für 25 Minuten backen.

7. Für die Dekoration eine weitere Süßkartoffel schälen und mit der Küchenreibe durch die 0,5 Zentimeter großen Löcher raspeln, so dass ein Nest länglicher Streifen entsteht. Diese in heißem Rapsöl kurz ausbacken, anschließend salzen und auf einem Küchentuch abtropfen lassen.

8. Feldsalat waschen und abtropfen lassen. Die Süßkartoffeln auf dem Teller anrichten, Salatblätter und einige Kirschtomaten aus dem Dutch Oven hinzugeben. Nun die Nutriakeule darauflegen und mit den frittierten Süßkartoffelstreifen sowie einigen Korianderblättern dekorieren.

9. Die Garzeiten und Gewürze variieren stark mit dem Gewicht des Fleisches. Bei deutlich kleineren Nutria sparsamer würzen und das Fleisch nach eineinhalb Stunden probieren.

10. Die Trichinenprobe bei der Nutria nicht vergessen!

Wildgericht von Sebastian Kapuhs

»Wenn man die Natur wahrhaft liebt,
so findet man es überall schön.«

Vincent van Gogh

»Denn darin wurzelt ja der ganze Reiz
und die Wonne des Jagens,
dass der Mensch,
der durch seinen unvermeidlichen
Fortschritt aus der urväterlichen
Nachbarschaft mit Tieren, Pflanzen
und Gestein, kurz der Natur verdrängt ist,
sich der künstlichen Rückkehr zu ihr erfreut,
der einzigen Beschäftigung,
die ihm so etwas wie
Ferien vom Menschsein gestattet.«

Ortega y Gasset

»Lass Deine Augen offen
sein, geschlossen Deinen Mund,
und wandle still, so werden Dir
geheime Dinge kund.«

Hermann Löns

Herzlichen Dank an alle, die mir bei der Realisierung dieses Buches geholfen haben. Ganz besonders danke ich meiner lieben Frau Angelika. *Jürgen Borris*

Der Rothirsch ist ein faszinierendes Tier. Er ist die begehrteste Jagdbeute, der stolzeste Geweihträger und der kraftvollste Haremschef. Dieses Buch nimmt den Leser mit auf eine bildgewaltige und auch überraschende Reise zum Mythos im Revier.

Tobias Böckermann
Jürgen Borris
Willi Rolfes

Der Rothirsch
Ein Mythos im Revier

176 Seiten, 163 Bilder,
Format 230 x 245 mm
ISBN 978-3-275-02077-5
€ 29,90 / € (A) 30,80

Änderungen in Preis
und Lieferfähigkeit vorbehalten.

Überall, wo es Bücher gibt oder unter
WWW.MUELLER-RUESCHLIKON.DE
Service-Hotline: 0711 / 78 99 21 51

Müller Rüschlikon